I0505367

How To Play

Named for the warrior monks of medieval Japan (no idea why...) a Sohei Sudoku consists of 4 regular sudokus in an overlapping grid. The standard rules of regular Sudoku still apply, but each sudoku has two overlapping areas.

						1	6	5				7	4							
								4	1	5										
						8														
								6	2	3				7						
						9	8					6	2							
							2			1										
											5							9		
5		2		9					3		1		5			3		7		8
		8		7	2	3	5	1	9			4						3	6	
1		3				5							3				8	2		
	2		7	1			9					2		9	5			6		7
		4					8								2	7				
3									9				2		6	5	7			
			3		5							8								6
			1	4		9		5		8							9			3
							2		6			9								
										7										
										9	1		7							
								6	8	1		3								
						4	7			6	5									
							5							1						

						1	6	5	8	2	3	7	4	9						
						7	9	4	1	5	6	2	8	3						
						8	3	2	4	9	7	1	6	5						
						4	1	6	2	3	8	5	9	7						
						9	8	3	5	7	4	6	2	1						
						5	2	7	6	1	9	8	3	4						
7	1	6	5	3	8	2	4	9	7	8	5	3	1	6	7	8	2	9	5	4
5	3	2	4	9	1	6	7	8	3	4	1	9	5	2	4	3	6	7	1	8
9	4	8	6	7	2	3	5	1	9	6	2	4	7	8	1	9	5	3	6	2
1	9	3	8	6	4	5	2	7				5	3	7	9	6	8	2	4	1
8	2	5	7	1	3	4	9	6				2	8	9	5	4	1	6	3	7
6	7	4	2	5	9	1	8	3				6	4	1	2	7	3	8	9	5
3	5	1	9	2	7	8	6	4	9	5	7	1	2	3	6	5	7	4	8	9
4	6	9	3	8	5	7	1	2	4	3	6	8	9	5	3	2	4	1	7	6
2	8	7	1	4	6	9	3	5	1	8	2	7	6	4	8	1	9	5	2	3
						5	2	7	6	4	3	9	1	8						
						1	4	9	2	7	8	5	3	6						
						6	8	3	5	9	1	4	7	2						
						2	9	6	8	1	4	3	5	7						
						4	7	1	3	6	5	2	8	9						
						3	5	8	7	2	9	6	4	1						

1

										2	7	1								
									5				2							
						7			1	8	6									
						5	8		4	7										
						6				3										
8		4					3	7			4			1						8
	3							5					8			2		5		
										1			5							
	2		5					1				7	9	2			5		8	
			8										4	5			3	2		
6	4	1					8					3	1			9				
					4					9					7			3		
	5				3						5		7			3	2	8		
	7		2		5				8				3				1	4	2	
						6	3	1	5											
							4	7												
						9					6			5						
						4	7	6			9		5	3						
									2	6				8						
									4											

2

								8				6								
						7							4							
						3					6	2	7							
												3								
						8			2	5			6	9						
							1	3												
										4	1		2		1	4				
5				9					5	6		4	9		5			8		
7			5		1		6				8		1		9	8				
	7		2	6		5											1	9		
		6				3		8				9		4					1	
	9					6						7			4	9				5
	2		6				5	3									2	4	3	8
										1	5				7		4			
	4		7	3				6											2	
							2				8									
								7		9		5								
						4		9			2									
								5												
						6			8					1						
						9	7		4					2						

3

						9	3	2			7		5							
												3	1							
								6					7	2						
						3			2			1								
							5	7	6	4										
							6				9									
			9				7							3	4			7		
	2			4					7				4						5	9
	8	5								9	1	6	8	7		5				
6		8			4		5							4		3				1
3	5		2					7												8
2				7	6								3				8			
				8																
		6			9	2	3				6				2			1		
8			7														9	2		
						6		7		1										
							8		6		3		7							
						4						9								
							7	4		5			3							
										6	4		9							
								2	9	3	7		4							

4

						9							8							
											2									
						2			8		9	6		4						
							5	9					6	7						
						3		6	9											
						7		1				5	4							
		7		9	2	5						4						3		
8						6				3							7			
	9	5			7					6		9					4	5		
								3				7				1	2			5
			3	2		1	5						6	4	3			7		
					1	2	8	6										2	9	
1	7		2	5									8							
		9		7			2		4	3		5					3	1		4
		6			9				9		1		4							
							9					8								
									2		5	9	1							
													2							
						2														
								3		4	8		6							
						1				6	2	7		4						

5

								3				8	2							
												5		9						
									9			6	1							
								9				2								
									2			1		5						
							7			6	9									
		7							8		2			1			4			8
									3		5					9			5	
5					8				1		6	7			2				9	
			7	3			2	9								4	2		3	
4	2			1								5					9	2	1	
			2			1								4						
	1		5						4		5							8	4	
	4						7				2					1	7			
		3		6									2						7	
						6	4		5		8	9								
							1			9										
						3	9		7		4		8							
							3					2								
								7		6		5		4						
									2		1									

6

							2			6		8								
						4			1				6							
								6					4							
							8		3											
														7						
											9									
					7		9				5		8			2		6	9	
			2						4			3				8				
6				8	9					1	6		2	9				4		3
							5							3				7		
7		1	6										5				1			
3			4					1				8	1			3	4		5	
	2			4			8		2		3	7	6	5		4		1		
		8	9			5						1		2		7			6	8
	3				8	2										6		5		
							1	6	5											
						4			7	6	8	5		1						
										5	4			7						
								1			7	6								
								5	8		6									

7

							5			1	9		4							
						6							3	5						
						7						2	6							
								3	4		1									
									8	6										
								8				5		3						
6	3	2					7										4			1
	8		9		1					9			8		3			9	2	
						8	4									5				
8		6		9		7	1	3				6					9			
														2			1			
	4			2			9							5	4	3			9	
		8							6	9							3	8		
2		4			3			1	4	2	3						2			
	6	7	1							1					1					
							5						8							
								2			1	4		9						
							1													
								5			9	8	1							
									5			3								
							7						9							

8

									4		1									
						3				6		8	4							
							8	4						1						
							6				3	4	7							
						2														
							7						2							
	4	7	5													7			8	3
6	3			4		7			6							6	3			
	2	9		1					5		2			9						
	6		9					4					7	1			8			
4		8										2				3				8
2		3			4		8								4	9		6	2	
					3		5				6				2				5	
				7		9				3							4		1	9
			4				3	7			2	4					7		3	
							9		5											
												5	8							
						8			7	4										
						5		4	8											
									2	1										
												9	4	6						

9

						4								9						
						6	3	9												
											6	8		2						
									3		9	1								
						1		6			2	9		4						
2							1		8		7								3	
		7		8		2			5		1				1					
					3	8				4		2		1	4		6		5	
8			1			6														
4				5										9			7		4	
5							8	2							2	4		5		
		4			9						4		3	5	6		4		1	
	3	2		6				8	9		3	6	1	2		5	9			3
			4		2	5		9	6								1	9		5
							4			8										
									3					6						
						3			1					7						
							6													
											7	2								
							8	1		6										

10

							1		2		3			6						
						8	6			9			3							
								3	5			4	9							
						9	8													
													1	4						
									9			3	2							
7		9							4			1			2	5			3	4
		8			9											3				9
			6		1				6		2				1		6			
	6		3	9	4		7	5						7			2		4	8
	4														5		1			
2	3		1															5		
			9								9					2	8		7	1
3					7	8	1		5					4					8	6
	7			8					6				7							5
							7				8									
									7	2		3		9						
						1		9												
										8	6	5								
						5			2		1	9		3						
								7				1								

11

						2	3		6											
						7		1		8										
									1					6						
						1	2		7	3										
								4			6		7							
									9					4						
		2		1	5	6										5				8
				2	3			5					3			1				5
	5		6						3		9	5	4		2	8				
4		6	5									1						3		6
					9			1					6		5		7			
8		3				5	2											4	2	
		4		5																2
	2													4		7	1			3
					6				2		9					9			7	
							6	1	8			4								
								2				5	6							
							9				3		8							
							1			6				2						
							7	4	9	8										
						5				3	1			8						

12

							5	9				4								
						4						8	9							
								6	9	5										
									6				1							
						1			3		5									
								2		4										
				8				5		9		3			8		9	2		
		5			3					3					3	4				
	6	8			4	2	3						4	8		5				
				3								2		3						
			5	4			2					7		5						9
		1	8	6	7	4								4			3	5	7	8
	1						7		2			1					5	9		
		3								7						2				
		2	6						1			4			9			6		
							1						6							
							4		7			2								
							3	6		2		5								
								8	3		5		9							
								1												
														2						

13

										5			8							
						8		7				5								
									4	8	9									
							5			2	8		9							
						1							6							
										3		7								
			6		4		7					3			9	5		1		
	6	4									4	8			4					
		2	9	3		4			3						7				6	
6	5																8	5		
	3	8		6			1									4			1	
2		7		8	9	6									2					
7											8		3		8			6		
1													4							7
	9		7	1	2					1			8			9				4
											7	3		8						
											2			4						
							3			8			6	7						
						9		6	8			4	1							
						4				3										
								3	4				7	5						

14

										5		3		1						
									4		7		9							
						5							7							
							4			6	1	9	3							
									3		9		4							
							5					1								
	7																9			4
					2		1			8			5							
				5			6			1									1	
	3	9			7	1						9				1				
				1		3		9					6				7			
8					3			7						5			8	1		2
9	5								5	1					4	6			9	1
			8											4	7			6		
	1	2	3		4	5			4		3			6					5	
							6			7			2							
								3		6	2		1	9						
						7								3						
						3								1						
						8		5		9				7						
								7	1		8		6							

15

												1								
						2			6		1		3	9						
						8					7									
									9		3									
						1		9	8	5	6	3		4						
									7	1	4									
					8											1				
	2		3			5			1											7
			7		5			2	4		5	8		3			9			
			6	2	3	1		9									3	9		5
6							5	8				4		9			2		7	6
7			5		9									7						
8		7	9										5				7	6		
								5	1							8		3		
	9					7			5				8		6	2	5	7		
								2		3		7								
						3		9				4		8						
									9											
							5	4	7					3						
							6				8			5						
						1				5	9									

16

												8								
							2		7	9										
							9			1										
								6	8			4								
							1			4		9	7							
							4						8	5						
4		6							6						7		8	1	2	4
	9		2	6				5	3		9		1				4	8		
	2				7	3					2		4					9	6	
9	5			8		1						9				2	5			1
		4					5							5						
								4					3		6					
3		7						2			6							4		
6	1		9		8							1		4					7	
	4					6			5				2		1			5		6
								3	7				4							
						2					4		7							
										1				5						
						7			6		3	4	9							
						3				9			1							
											1	5								

17

							1			2										
						9			8		1									
						6	4			3		8	5							
						4							6							
								3	6		9	4	1							
							6	5						9						
6	3									9							6			
				2		7					8	1	2	6					9	
							8		1						7			6	8	
3		1	6	9			7						5				8			
			2										8		9	1		3		
	6	5	7		4									9			4			7
	8				9						2			4	6					3
			1								4					4	9			
	9		5		2				3					7						4
								4		3										
						7			2		1		4							
						8		9	4			7								
							7		5		8									
									9	4				6						
						9		3						2						

18

								3		9	7	6								
							8						1							
						2	6													
							3		9		2		5							
						6														
						4		2			3									
5			9	3							9		3	2		8	6			4
		1		8	7					2							7			
7			4						8						9					
8	5					7		9					2		8	6		3		
			3	5		4		2				6			3				2	
					8	5						3	4				1		8	
	3				1										5					
4				9										4	7			6	1	
			2	7		8		4	2								8	4		
						7					1		2							
										5		4		6						
						5					3		1							
								1		6			7							
										8	7	5	4							
										9										

19

						8	7	1	5				2							
						6	2			3										
											2									
							8													
								7		1										
									4	2		9		6						
		3		6	2				6	9			3		9					
4		2	5		8						1	5				2				8
	1			3				6		7								6	3	
3				4													2		5	
		6		2			8							1			5			
						4						3		6	4				2	1
	9							7		1	5	6	9		2				1	7
			9					5		8	3								9	3
	5	7			6	9								5	3				6	
									5	2		1		7						
									8					6						
								6		7			8							
								2		5		4	6							
									6	9		5								
								9			1	3								

20

										1			5	8						
									2	5	3									
						6				8		2								
								7	8					4						
											7									
						9	6					1	7							
		7				3				7	8			5		3		7	9	1
						8		9										8		
				3			7		3		5			9					6	
			4		8		2					7			1					
	1	4				7		5											1	4
			6											1	9		3			
5				9	2				9					2				6		
7		3									3	6			3				4	
6			7		1	5	8								2		6			
							6			8										
						9		4	5											
							3	8				9	5							
									3	9		2								
								9												
										4	6	7	8							

21

						8				4	9	2		7						
								9		7	1	4								
											2									
						9		8		6	4	3								
						4					8	6								
							2													
	5				4													2	7	
8		6					9												9	
3			7											4		6				
9				7		1		5												3
6			3	2				7				6	9						2	
					8		6							2		8	3		6	5
		3				9		8		3		2			6				3	
						4	5				2		6			7			5	
4				9		2		6		8							5		8	2
							6													
						7			9					3						
										2	6									
						6			5				8							
								5	8					4						
							9	3			7	5								

22

									9	3		8	4	6						
						3				8				9						
									4	5										
							3					4								
								9					6							
								2		1	5	9								
									1	6								1		
2	6				4	5	7			9					3					
3		5								2			3							7
		6	7		5		4						7	1		9				4
		9	8									2	4				6	7		
					3								6	5		8				
	8			2	9	3					2					7	8		2	3
						9								2	9					
6		3		5				8	7						4					8
						7	3		5				9							
								5	4	9		8		7						
										2	7	5								
							8		2		5		3							
									9	1			4	5						
						5	9		6											

23

								7		3	1	4								
						1			5		7									
										4				1						
													9	4						
						7	3				9			5						
								5	8	2				7						
			6														3	5		
				4														4		6
	8	5				9		6				5		8			7			2
		3			6			4					2			8		9	3	1
					5										6		1			
7				1	9													6	5	
	3	7	1	6				9	1						1				2	9
6		9					3		6						5		6		4	
1		8	2				5	7				4						7		
										2										
							4		7		1	6								
						1		5												
								8						1						
									2	8		3		9						
										1	7	5								

24

						6	5		9		2	3								
										1										
									5	7			8							
									3		5		9							
							3	2	1	6		7		4						
													3							
		4	7	5	8		9						4	1						
			9									5		9		7				
						5		4					7		1	8	9			
				1				9						5	9		8			3
3		5	4	7			2						1	4		5				6
	9		3		6								8		4			1		
8		7								4						2				
9								2											5	
4		1	2			8	3					4						8		
									9	2			4							
						6				5	4			3						
						4	8		3											
							9	5						4						
												8								
								8			6	3	1							

25

							9			8	6		3							
						4			9			6	2							
							1		4			9								
						2	5							8						
						8			7	5		3								
											9		5							
2		6	5	4									4						2	3
										1		8					6			5
	8		9	1	2					3		1								
		3			4			7				9		7	1					
				2	5											8	3			7
7						2								4			2	6		
5				6										9	5				8	
	7	1			8						7			1	8		9			6
		2			9		1					7								
													4							
						2		7		1		6								
							9		6	2	8	1								
									9	5				7						
									4											
						9	3						8							

26

							8													
						9	3	2				5								
						6.	5			3		8		9						
														6						
									6		5	1	4	2						
7		1					2	3	5	4				1		4	5			9
8	6				7				7											
				2	8				1		2						7	2		
9		4		8		3							8	3						2
																7	9	5		
	8			1		9														6
	3	5						4				8					2			
4		7			3						5				9					
	1				4		3			8	6	1	9	7	5			6		8
						3			2				8							
						8			5			4	7	3						
								9		7										
									8				6							
						6				2	4		3							
							4	3												

27

						2		5				8	1							
								8			3			7						
									6					8						
						9			3	7	5									
							6	1	9		8									
		5	1		7		2		5		7						7			9
		2				6	4	3	1									1		
3					4							9		3	6			5		
							9									4			8	
	4		8	9								3		7		8				
9	8	1			6										9		3			2
					9			6			5						6		7	5
1	3					9		4			3		2				8			4
	7								9	4					2		4		9	
						8	3							5						
										5	9		8							
						6				3	4		7	2						
						4	6					1	9							
											6	2								
											1	3	6	8						

28

							3		1			9								
									7		4	1								
										8										
						7			6			2		5						
												6								
									9	4	5		7							
	8								8			5		9	4					
			7	1						6					6					9
			4				1								7		2			5
	1	4										1	4				8	3		
	5	7		6	9		2									2				4
8							5	3						8	9	4	6			
4	3					5		2		8		6		4				1		7
					4			8		3	4				3		4	9		
	7		2		1					2	5			1			7			
							4	1				7								
									1	7			8	9						
							1	7			9									
								9	3		2		7							
								3				9	1							

29

							4	8				2		5						
								1	2			8								
						2							1							
										6										
							3		1			9								
							1	2		9		6	7	8						
							2			1	9				9		1	3		
	5	1	7							2	5		8			2		9		
				4		1		5	4							4			5	
1					5	9						9				5			3	
							5	8									2	4		7
7					9	2	4									6	7			
9			2		3		7		5										4	3
			8				9											8		
8	4					5		2	6					8			4			
									4		1	9								
										8	9			4						
							4							2						
								5												
						1					8	7		9						
							8	7		5	6	1								

30

						9				8	4		7							
									3		6									
								1				5	6							
						3	9			2				6						
								5	4		7									
4			3		9	5					8	6			8	5			2	
	7	5	4			6	1	9			3					1			5	
	9	2		6				8			1		9				3		8	
			9	3				6							2		6			
	8			4			9					3								
					2	1									7	4	5	8		
					3			4	9									7	9	
			2								7			2	3					
					6	9	5			4	3		6	8			4			
									7											
						2			6	9	4	3								
										5		4								
								6			5			9						
							9		4	7			3							
						8				6										

31

								8		1				9						
						5			9		8			3						
						3						1								
						2			4											
						1			5				4							
											7			5						
	7		6		5					6					6			5		
6		3												6	9	1	2		3	4
	1		2					5						4					9	
7			5		1									5				2		
	9	1		7																
2					6													3	6	7
3	2	8				1		6												6
					2			7							3	7		1		
	6						4		3	5					2	4		7		3
							8			1										
						5		3	8					4						
						6					5	9								
										9		1		8						
							9						6							
							2													

32

									6		2			1						
									4	7										
						1		6			9									
								5					4							
						7	8		9											
							3	4				8	9							
5		3	2		9		6	1						9			5			6
	8			3					8	6			2	4	7	6				
		6			4								6		3			1		
		2		1	8								1		6	3			8	
6			7			9											2			
		7						4												1
		9	4	2			7		3		4			8	5		1		2	4
								9	1						4			8	1	
			9						6					1		2				
						4					9			5						
							9		8	5	3		6							
						7		3												
							8			3	2									
											8	7	1							

33

						8	2	1	6	4										
						3		6												
							7				2	4								
						2					3									
						4						6	7							
									4	8		9								
		2						8	3			1							8	
	9								9	7										1
	4	1	9	7		5				1									4	
			2											7		1		4		
	3		5	4								9			6	5		1		7
	2		3		1		7								9	3		5	6	
		5						9	8	6				2			9			
2	6											4	6					2	7	
3		4				6		5								7				6
							8	6						3						
						5	3	2			9									
							9			8	2	6		4						
						1						7	4							
														6						
						9	7		4					8						

34

													3							
							8			3	6			7						
									1	8			4							
							9					6								
													7							
							7	5			2			1						
				7			3			1	4			5						
		7			3						7				6			3		
		5						7						3	2	7				8
								5								9		8		
				9		2						8			1				9	
		3	6			1		9									8		2	
1	4		9				5	2	6			1			3					2
9			3	1	4						1		5	9	7	8				3
3	7			5	6	4		1	7							1	2		5	
										7		3		2						
														4						
						6				2	4	9								
								9	1		5									
										4										
						7	8				9			1						

35

						6		1	7											
							7			1	5									
								9		4				8						
						5														
							2	8					5							
							6	7	1											
		6	8				9			8						7				
		4		6			1				9	5	8				6			
9				3				6		2	1						5	6		
1	2		4				6	9					1							3
6				7														1	8	
3	5					4						6	4		1			7	2	
2				8				4		2					6	2	4			
		3	6											4			8			
									1	3		2	7	6		9		5		
										6										
											2			3						
							6	1	4		8									
						4		7	8		3			9						
						5		6												
											7	5	4							

36

								6	8				2							
								9	3	1		6	8							
								8		9		3								
							5				3	9								
						7														
								1			5									
1			3				6		1									3		9
		7				8	9	2								7				
9							1			6			9	7	8					
	2	1				5	8											6		8
6		9	8				2							1			2			
		5			2	1	4							4	5	8	1			
			4				5	1								5			6	
							7		6						7			8		
	1	8		7	5			4	2			6	1		9		8			
								3												
									3					7						
						1	6			4		9	2							
						3	4				5									
							2			1			9	6						
											9	5								

37

							9				8	7								
						3			2											
						1		8	7		9									
						9				8										
								1			6	8		2						
							8	7		5	2									
	8						1				5			3			5	1	9	
																		2		6
													6	4		2	7			5
	5			4			9						9	6					7	
				9	3											8	6			
		2	6		7			5												
	7				8	9	2		8			6			1				8	
	9	1			2	3		6									8		1	4
6				1	9		4		6					8	6				5	9
						6	1	2					9							
										1										
									9	2		8	3							
							6	9		5	1	4								
						4	7				8	1								
									4											

38

							3			7	4	9								
									8	5										
						4		9					7	1						
										3			8							
							7					5		2						
														4						
3	1		8	7							1			3					4	6
5	8		3				1		3			4		8		9		1		2
		4	1			5			7						6				5	
	3						6	1				3		6			2	4		
					2							9					3	7	6	
	5	7				4						5			1		6			
2					3		5	6				8		4						
1				6				4	3											
	6				7		3				4		9	2						7
							2		5		8									
									6					1						
									1											
									4			3	5							
								2		3	7									
							6		8					7						

39

						2			7	6										
								7					2	5						
							9						8	1						
								8		5		1								
							7			4	2									
						9														
	9										4						7			
4			3				8						6		9			5		
					7						3				4	3			6	9
	5	7														9				
2						6						5	7				6	9	4	
			1	5		3		7				6		1			4	3		
9		5		7			1			3									7	
		2						3	2				4	6	8		3		9	5
			8	4	2	5	9			4			2	3	1	5				
						9					6			4						
									1	5										
							4	1		2										
						1				7			5							
						4		7						9						
							8													

40

											6	1								
										8	4									
						6	2						3							
							8					4								
									9	2	8	3								
							6							5						
					3		7		5			2	6							
			6		1	3	5	9									1	2	5	
5		3	8			2					7			3			6			8
8	4	6			5			2					2	7				4	8	1
3														6	8		4			3
		1												8			7			
			3	6			9									7			4	9
	3	4		1				5	7	3										
		8	4						9										3	
							8					3	9							
								2	1	7	9									
								8	3											
								7	6			5	4	3						
						9		6	5				7							

41

							2						6							
							4	8	2				7							
								1					8							
						2							4							
									9		3	5								
						5	7				6									
											1	7	5							6
1					8	7					5					7	9		5	
			9				1			6				3					2	4
2	1			8			5	6						6						
	6	4		5	9	2											5	2	1	
					7		8					5				4				
	2							7	8	9	3			1	7	9		5	3	8
		5	4		1	6				1							8		6	
		8			5		2	1		6			8		3		6		7	
						8		3	5											
								5					3							
						9				8			1							
								4												
								9		4		6								
						7	5		9			8								

42

								3		9		1								
						9					3	8		7						
						7		4												
						8		6			4	7	3							
								2												
								1					6							
	7					2			5		1		7							8
3		6						7	9			6		8					2	
8											7	2				3				
4		8			6										7					
			4	9												8				3
			2		5	6						8		7		9	4		1	
		2		5								7								
				6							7						7			5
	1												2		9		6		4	
						2	5	7		4				3						
							9				6			4						
						4			9		2									
												8	9	1						
							7	8				6								
									8											

43

								8	6											
											7	1	8	5						
						5	2	9		3			7							
						7	8	1				2								
											5									
									1	7		8		4						
	4										8	5			3				7	1
				5	1					1	9		6				9	3	5	
						8		5	7		2					8		2		9
	5				4		7									6		7		
3				7				6				6			5		4			
	9	8				3							1							
8						7		3								3				
9				1			6					1					7	4		
		7			3	1	8			6						5	8			
													1							
						4	1	5	3	2										
							9		1											
						2					7	3		1						
										8										
						6	5			9		2								

44

						6						8								
										5			3							
							4		7					6						
							9	1	3		5		2							
										2										
										6	1		9							
		1		5	6										6	2				9
		6			9			4							4	8				
	9					5		6		4		9	7						4	
			4			6											3	5		
		4	1									2	3			9			6	
			5		3	4	9	1										1	7	
		2		3				8			5			6			8			
8				4		9		5				4		8	7		6	9	2	
3			9			2				4		3				4				
													6	7						
									5		1									
						5				3										
							7				9	1	4	2						
						4	9	1												
										1	7	8	9							

45

							7		3	1	4	5								
										9										
									6		7	4	3	8						
							8						9							
								7	9											
										7				4						
	9							1		2				6		9			3	2
	7	5										8						6	9	
	3			9	2		5				3									
		8						7										9	2	
	4		9		8	2						6			3		2	8		7
			5			8						2					4	5		
		1			3		7			4		5	3		2				7	9
7		3						6					2		1	7		3		
	8	9		1			3													4
							4	9				8		2						
							2				9		1	3						
											2			5						
						4				7	5		9							
									2		6									
								1			4									

46

									7		3	5								
								3		5	4									
									2											
						7		6					5	2						
								9		8			6							
							4		1											
		8		2										8					3	5
2	1					8			4						6			9	7	
	6			8				4		3	5					3				
	8		6	7												4	7			
3			2		4	5							6		3					
					8		4						5							4
		4										8			7		2		1	3
8	3	1	4				5				4								9	
				9									7				3	4		2
									7		3		4							
							7		2			6								
						3		4				7		8						
						8	1		4				5							
										2	8			1						
									5					9						

47

						3			7	1										
								9		5	3	1								
										8				2						
							5	6			9			1						
												6	5							
								3				7								
		9	1	4	8		3					5						2		
8	4				2								2			4	5			
		7						2	1		5		9	6	7				5	
1			2				4	9									2	7	9	
4			6												5	8				2
	7			1	9							4			3					
				5			1			5				9			1	5	6	
7		8			1			4			2									1
					4								8				4			9
													5	4						
							8			9				2						
						1		2			8			7						
								6	4	1										
							2				6									
												5		6						

48

									9			5								
										6										
							5			8	1		4							
												7								
						9		4				8		6						
								7	1			3	9	2						
	6	1						5			8		6					2		5
					1			3	2			1								
	2									7			3				6	1		
		4	6			1		7									7			3
	5	7		8								7			8	1		5		
					7															1
2			3	6		5				4						5		8		
			7						6						3	7			1	
7					5		4		9						6	9				
						9			5											
						4		2		7				9						
													3	4						
							9		7	3		6								
							3	1	4	8			9	2						
						7					9	4	8							

49

						7	4		1		3									
									7		8									
											5		1							
							5		6	2	9			7						
									5	7										
							9			3										
1			6		7	8							7	6				9		3
	3	7		5							7		3	5		1				7
				2		4	7													
		1	8	7		3	5					7			4			5		2
2				4								5				6				
		3	2	1	9	7								3			7			
			9						1	2	4		9							
6	5					2			3							3			7	
										9			5		8					
						1						4								
							2	8				1		6						
							7	4			8	2								
							3	9			1									
						4	1	5		8										
												5		8						

50

							7	9	1				8							
										6	5	3	1							
							1													
														2						
							6		2			4	3							
									7	4		9								
	7			5		1		4	5	8	6				9					
	2				8	6						8			6	3	2	5		
	5			7						7				9		7	1			3
5		4	3					9				9	3			1			5	2
												6		8		2			4	
		2		4		3	8										8		9	
	1			9				2		8			1	6	2	9				
	9	7					6			2	5				5					
				1								2								
						7	2		9		6			4						
						3														
								9						8						
								7				6								
								4		6	7		2							
						6					2		7	3						

51

											2	7	8							
						9			1	7	3									
										4				3						
							9		8											
													4							
							7			3		1		9						
			3			4		1		8										3
									2		4		7					2		
			4	9	2	7				1	6					1				
6					4	5							1				2			8
	5	4		6		3									3	5			7	
	2	1	8		7							7		3	1					9
8									1	4							1			
		7			1							1			4	8			5	
	6				8					6								8		
										7				2						
											5			3						
							3	8		9				4						
						9			8			4								
						4			9			3	2							
								2		5	6	8								

52

									3	6			9	8						
							4		1	9		7								
														4						
						3		4			5									
							5													
									2				8							
7	1			9														2		7
3		2		6			7			3					1	5				4
6				7	1			2			1	4	7				8			
					5								9		5					8
2					8			7												2
		3	6				4							7			4			
	7			5					7							2		4		
				8					6						9				1	3
		1		4	6		5	9	2	8			3							9
						5				3	7	8								
							9				6	4		1						
						2		1												
						9		5					8	3						
							7													
									3	6	5									

53

						7	6	4						1						
							3		5	1		2								
										6										
							7	6		9										
								9	1		2			4						
									4				9							
5			9			6	4		9								7			6
			7					2	6			9		3	4					1
		8			2		9		7			4			3	2				
			5	9	4	7						5								9
	4				3		1							7				6		
			6			2						6				5	8			
				7			6	8	3		2		9		8		4	2		
	6			4					7	6									9	
		1	2		6				4								9	8		
						9				5	4	8								
						7							5							
										7		6								
									8				2	4						
							3							6						
						8		5												

54

							7	5	2		1		6							
							6			8										
						2							9							
							1	7			6		2							
						8		9												
										3		1								
6	3			2						6	3			5	1				6	
5					1						2			3		8				2
			8			5			9			6			2				3	
	5				9	4								9		7		3		5
3						2	8						5						8	
				8															9	
7			9				1		4	3							3	6		8
		6	4							8	2	4	6				8	7		
			6	7	3	9							3	8			2	4		
							9					8	2	3						
						4	3						7							
									3	5										
									2	1				4						
								3												
						1	7													

55

											3		9							
									7	4				2						
						6				5			7	1						
							3			9	2									
						9			4											
													8							
			1			5	2												7	
	5		3	7			8	9			6						2			
											5					9		3	5	1
		6	7				9						8	9					1	7
		8					5	4							7		9			3
4		9		2			7						3		8			6		
		2	6						8					4	9			2	6	
			5	9					1	4	9				3		7			9
9			2	3		6							9	1					3	
											3		1	5						
								4	7		2			8						
							6	9	4		5									
						5														
										9			2							
						2	9	6		5			8							

56

							6							5						
							4	8	2		9		3							
							5		3		7	8								
											3									
							2	7												
						5		3		4										
	9						3		9						5					9
		7	3					1			5	3					7		6	8
	6												5		6			7		4
				1	3													8	4	7
4	7				2			9					3		7	4				
			8					6						7			5			
3		6	1	8						6	9							6		
7					4		1					6				5				
						9	6			8			4			1				
						7			1		2	3								
								9	8				6							
										9		7		2						
							9	5				4	2	7						
						3								1						
									2		5									

57

						8				5										
						4		1												
								7			6	9								
						9		6			4			8						
							8				7	1	5	9						
									2		8	4								
		9							3			6						7	2	
	4				9			2		8				7					6	
		8		6						6										
	6				3								8	1			9			
		4		5				6				9					6			
5		3	7									5			2		3		9	
4			8				9				6					6	4			
3	8		4	9	1	2			1		7	4				7		5		
					7		8				2					3	1	2		
						3					9									
							7			3										
							2	4		8	5									
								8				2		7						
												6	4							
							4			2										

58

							5		1		2									
									6		7		2	1						
										8				3						
							8		4		3	1	6							
											9									
										1		7								
	2	6					9							7			1	9		
							2		3				4	5		6				
1		8					7		8		5			2		7			4	
8					1		6	4				7			4		6			
			2				1										5	6		
		2	4	9				7							7				1	9
		4								6					9	5	2			
		9			2			6		2						3				
				4	6		3		5			2		4						5
							8	5						7						
							7													
						6		4		1		9								
						5	9				7									
											8	4								
									6		9			2						

59

									5		3	1		7						
										8	9	4								
							1		6		2									
								4	7		5									
						9							3	6						
	5		8	4					2		8							8	1	
	2		1		7											9				
3												6	7		4			2	9	
	8	3				9	5					7	4				2	9		
	7		5		3		8	1				8				1	9	5	7	
	9							4					3				4			
			4													2		3	4	9
8					5			7	3	2									6	2
		5				4					1									
								1				5								
													7	1						
							4					9								
									5					3						
							5	6		8		7								
							7		2	9				6						

60

														2						
									5	1	7	8		6						
							1				6	5								
							8	5		3	4									
									2		5	1								
						2				7										
	7			2	3		4			9						8			5	
	4											3				6				2
	8	6		7			2			6								6		
7			5	1				3					4	3						1
				8				7				1	2				5	4	7	
			7		4		5					8			1		3			
			1	3							6	5	1				8		2	
				4	7			5		4		6	8			1		7		
	9							1		5	9			2				1		
						3		8		2										
									5		8			4						
						4		2				8								
									7		3			1						
								3		9			5							
								7												

61

								2					1							
						9			6											
						1			8											
											4			1						
								3	2	9	8									
							6		1	5		7								
	9			7				1												2
3	6		4						3					7		2			4	
					6							1						8		
9	7	2										7				8		2		
				8				7					8	6	3	9		1		
			2					3				3								8
				2		4	3				9		2	1		4	7	3	9	
7		4				1	8	5					7			5				
	3	5			8				1				6				2			
							1				5			7						
								8		3		6								
									7			4	5							
									8	1	7									
						8							9							
							4	1		9	6		8	5						

62

						8								9						
							2													
							9		6	3	5									
										1		4		2						
											4									
						4		9	8	6										
		8										5						9		
	3									8						2	8	1	4	
6	5						1	8					7					3		
	4		6		9													4	9	
			5											9		4			1	
		7		1										3		5	6	7		8
7	6	9		8	5			4	6									2		
4	2			6	7					3				1						
			2			6			1						1			6		9
						9							4	6						
						2			8		1									
							7													
								9	4				2							
									7			5		3						
								3			8	6								

63

									8				6							
								3			6		4	2						
												9	5	8						
								5	7	8										
						7	3			6										
							8				2		9							
8		5	2					7												
				3	8						7						7		6	
9				6				8	4	3						5	4			
	6					9	4	3								1		9		
				7								4	6	2	9		8			
				9		6	7							1						
		4		8	1									6					3	2
					4								3		6		2	4	9	
	8		3	5	6	1			3	5								1		
									5											
								2		4	8	7								
						5		9			2		1							
						9				7		6								
										2	1	8								
										6		5		1						

64

											6		3							
						1	3							7						
							7		8	3		5								
							8	6		1										
							1		9			8	2							
					1					9						6			1	9
	7		3				9			4									2	
		5						1		8	3	9						8	4	
4		6	9		5			7					1					4		5
5	9														9			7		
1						4							9	3						
			8	9	2			4									4		7	
							8		5	7		1				3	7			8
	4		6									8			1	9				
									3											
						6	4			5			8							
								3		8	2		7	6						
							2			9			5							
							5	9		4				3						
									7		5			8						

65

								9				5								
									6	4	3									
							8			9				1						
						9	2			3										
								3	9	6										
									8		5	9								
		4		9		5						7							1	8
	1							2					1	5		9	8		6	
	8	9		6	3	1					9						7			9
					8							6	2	8		3				1
9			5	3	4							9	3		5				8	
			9														6			
4	9				7					9			4		8					7
		8							6					1						
				8			1				3			9		6	4			
						6			4											
										3	2	9								
												7		4						
						5				6	9	4								
						7	6		3			8								
									5			6								

66

							6		1			4								
							8			9										
									3		6									
											5	2	6	4						
								2												
								6		7	2		5							
	6			2		1				3	4		9			5				
	4				8		3			2		8					6		9	5
				9					8								9		4	
4	3	7			9	2						3		4						9
	5		4									7			8				5	
6					2	8						9					3			2
	8	4	2												9		1		7	
					3								7	9		3		5		
	7		8		1					8	4					8	7			
								3						8						
						7						6	4							
							1		4				5							
									1	3										
									8		2			4						
											5		6							

67

						1	7					6	2							
						9		4	8				1							
							2		9					8						
									6	8		3		5						
						8					3									
						4					9	1		6						
				1				3			1		7					2		9
9							8	1		4	6			2	7		8	4	1	
				3	5	7	4		3					1						
					8	4												7		2
							1													
1	5	6					7									3		5	4	1
	7		4								8		4		5		6	9	2	
3	9			5				7	6				9		8		3			
		2							7		1			8	4		9			5
									9					4						
							9	2					8							
						4		6			5									
										3			6							
										1		2	5							

68

							2	9				1								
							1		9				4	5						
						5														
									8		5									
									3			9								
						8			6					7						
									2		3	6		8			1			
	5	8		1							1					3	8	2	6	
4			6		5				5	6					9				8	
	9					4	3	1						6						
	3	5				7	2											4		
				6	7		5					7			2					3
		1			6					1			5		1	7	6		4	
	2									3					5					
			7				1	3	4					7	3			5	1	
						4				2										
							5	1			8									
									3			1								
							4			8										
								9	5		7		4							
								2			9			5						

69

							3			5		6	9							
						2	9		3			5	4	8						
							6													
										8	1									
													6	3						
							5	9												
					2	9				3				5						
		2	5	9				3					2	6		3				4
9					3		2			9				7	6					
2					5		7	8					4						8	
6	8				7							5						4		
						2	6						6		4	8	2		3	5
			8								1				3			8		
8		6	2		1				6	3				1					5	3
	7		9		6										7		8	2		
							2		4		9	3	1							
						7		1		2										
								3	1											
									2	6	7		4							
												5	3							
								8	3	4			6							

70

							8		2	6			4	9						
									8		3			1						
								4			9	7								
									4	8			2							
							5	7						8						
						8			9											
	1	4			6	2									7					
				4			7	5							2	1		4		
				5	3				1	5	8	2			6			9		
		6			1									5					8	
	9					4							4				7			
1				3	4	7						6								
8		1	6					4		2	1	5				2			9	
		9		8						7				8		7		1	2	
	2		4												3	8			5	
									1											
						4	8			5	3									
						1	7							4						
						2	1		6	4	5		9							
						7	5	9		1			4							
												1								

71

								2		3	4									
						7	9	4						8						
							6													
												7								
						9				7	5		3							
							3				1	4	9							
	5	4				2									1	9				7
									5			2		3	5				9	
				2	7							1			4				5	3
		3				9	8	7						6	9		4	2		
	2			9	4		6	1					8	2				9		6
		6														8			1	
			7		8					3		7								
5			9	1			2													2
1	8		2	5					9	5	8				7		9		8	
						9	1				5		3							
										9										
									6		1	9	5							
									5			4								
						8					2		6							
								2	1											

72

							8	3		7				2						
									3		4		8							
						5	7													
										8		7								
							2			4				6						
											5	1	4							
9							5	7								3		4		
		4		5					2			3						1	7	
	6	1				2			5		1		7							
2		8	5	7																
			1			5									1	6			5	
	7			2											2			7		8
4		3							8								7			
																	5	3	9	
		7	2	9						1			4			9		8		2
							7	1	5	8		3	2							
						3	6			4	1	7		5						
						5	9													
						8		7		9	3		5							
											5		7							
							5	6												

73

													3							
						6	9			5										
								1		8		4								
											3		7							
							2			4	8			6						
							8		9	6			4							
		3	1		8	9		2		3		7	8				6	2		
		8	5	9			1				5	6				1			9	5
9	7			2																6
					9			8								3	5			
			7			3	6						3		6				5	1
												1		2						7
6				1		5										9		3		8
	5					4				6										
1		9		5									1			2	7			
						7		8				4								
								5			2			7						
						2		4		1			5							
								3		7	6		9							
							4				5			1						
						9		2		8		6								

74

								5	3					8						
							4		5	8	9			3						
							3							9						
													2							
							8				4									
									6					5						
																1	4			
5	8		1		6				2	3			5		2			3		
				8	5															
7		6			4	9	1					6					2	4		
			9	6											6			2	9	
			7														3			
	1	4			8		6	9				7								9
			5				7	4			6							7		6
9			6	4		1			7								8		4	
								5			7			6						
						2	3					9								
							4	8	3				2	7						
											3			2						
								6			9	5	7							
						4			2											

75

												4	6	2						
								4	7		2	9								
								3					1							
						3		2		7	9									
						7		6		3			4							
							2		5							6			1	5
6		8							1				2						8	
			4	6			5	8			3									4
				1			8						3			5	9			
	2			7	3			4					4		7					
		6														3	6	9	4	2
8		3								9										
5		2	1	3	4		7		2						5	9				
7		4			8	3								5			3			
							8			2										
							9						2							
						7					4			9						
						6		8			2			7						
							5	4		8										
									6	5		8	4							

76

						8			4	9				2						
						5				3				6						
											2	5	7	4						
								8	3											
						4	6						1	9						
							2	7		1										
					2	6	8					4			7	6			3	1
	9		8	7		2		4	6							2	1	6		
	8	2	1													3	9			2
		5	7																	
8		9	5			4	6	7									3		5	
	6				9							3							4	7
	5	4					1		7				3			7				
	3					8				2	3	1	7			9				5
		8	6					2					4			5				3
												2	1							
						2				5			6	4						
								3			2	8								
						4		7			5									
								9												
									4	3				5						

77

						2		8	4			7								
											1									
							4				7			1						
								7		4				5						
						6								9						
													2	3						
		7	5	3		8	2										2			
	8				1					8			1	2	4				9	
6	2	1				3			2				6		7	1			2	
2															3			4		9
	7	8											9		2	4			5	
3	5							9				4						8	6	
8					5				1				8				4			
			6		3					7	9			6		8				7
					4			6							5					
											5									
						8		9			4			7						
											1	8	6							
								4						8						
							8		5	3	6									
							2	7			8	6	1							

78

							2			9	1									
						3			2		7			9						
							7			3										
								3	8		4			2						
									7											
							5							3						
8	1											3		8			1		5	
	4		1		9					2		9					2	3		
		5	4							8					6		8			
	5	2		8		3						5	7							
1				7	4										2	5			3	
			9	2											9			1		5
4	8	3			7						1					7			6	
			2		3				9	2				5	8					9
				4	6															
							9	7		6	2			8						
						8	4						2	9						
						2			3	9										
										3		6		2						
										4										
						9		4				5		7						

79

							3			1	9		8	4						
								9				6		1						
								4	9	7										
						7			5											
											1		5	2						
4	2									9		8	4	5	3			2		1
		7		4						8									9	
	6			2			4							7					3	
				1	8			9							1	6				
	3				9	7											5			3
							1	5				4	2	9			7	5		
5	9					2	7				5				4	7				2
					2		5				3						3			
1					4		8				9				9			3		
						4					8	3	1	6						
							9	8		7	6		4							
									3											
							4						2	7						
								6		5										
						5		2	9											

80

						4		2		8				3						
									7			6								
									2											
						9			8	7	1		5							
							2			9		4	6	7						
							5						9	1						
	9								9			5	1			8				4
	8	3	2	7					1	4						4		5		
2				5	6					5				1						7
				6			3					1							2	8
			1				5						5			7	6	4	1
		8				4												7	9	
	1		6				4								2		6		5	
	4		5		3	9		2							8					
		6	4				8				3		6	2	5					
								1	9				3							
										1										
											5		9	7						
						6			1											
									2	8			1							
						8							2	4						

81

							2	9	3	5	4									
														3						
							3		7											
							5					3	2							
							7			8		1								
						8														
						3										3			8	1
	8		3		4	7			4		6		8		6		4			
							4			2	8			1						
	3		9									6								
9	6		2					7				8	2		7				5	
2	4		5		7			8						7		6		3		
8			4		1	5				8		9							6	8
			6		5	8							1		2				3	
				9			7		9			3	5		1			2		
								5		6		8								
							8		5	9		6	3							
									8	1										
						2	3		7					9						
						9				3	1		2	4						
						6								3						

82

						4							8							
									3	4	1									
								5		6	7			4						
						2		9			6	3								
							3			2	4			8						
						5	6		9		3			2						
5	6	4							6							1			3	
	2						9									8				
				3						9			3							6
			3			1		2					2		8				7	
3	4		2		8			7				5					3		4	9
				9								9						5		
				2											7	5		6	2	
4	1	5					3		6				7					3		4
					3					9	7			2	1	3				5
										8		5								
						7	6													
						3	8	1		2										
									8		9	6	5	4						
						6	9				2									
							5			6			2	9						

83

						1	6	5				7	4							
								4	1	5										
						8														
								6	2	3				7						
						9	8					6	2							
							2			1										
											5							9		
5		2		9					3		1		5			3		7		8
		8		7	2	3	5	1	9			4						3	6	
1		3				5							3				8	2		
	2		7	1			9					2		9	5			6		7
		4					8								2	7				
3									9				2		6	5	7			
			3		5							8								6
			1	4		9		5		8							9			3
							2		6			9								
										7										
										9	1		7							
								6	8	1		3								
						4	7			6	5									
							5							1						

84

						3	4	5			2		9	1						
												6								
													4							
						4			9											
						6		9	1											
										5			8	4						
		5	1			9	8				7								2	3
					2	7				6			1				3	8		
	3			4						2	9					2		1		
						1	9					9	4			1			7	
		6		7											7	9			3	
9	5	3															2	5		9
7				6	5								7				9			
				9			4			6		3				5	4	7		
5		1	4			6			9							6	7			
						1			3		8									
														6						
							8		6	7										
							7						8	3						
						5		8	2			4								
							3	1				9		7						

85

									3	1										
								5		6	8	3								
							1					6		5						
						6			1	5		2								
							7	8	6		9									
						2						1								
4		1	8		2												2			
				6		4							2						5	
7						8		1	7	9	6		5	3			6	8		
		9		3	4												8	6		
													3	8		6		2		
8				9		1	3	4				2	6	4	1		9	7	8	
	3	8					4	2												
				5							5				8					6
1									1										9	3
										5		2								
						2						4	9							
						1		7	4			8	5							
						8		4						6						
						7					3			8						
							6			2	9									

86

								3			1		4							
										4										
						5			7	6	3									
													9							
										2	9		3							
						8			4	3	6	7	5	2						
	8				1						5								6	
	9				7	1						9	6			3		5		2
			3				7					3	1	5			6		4	
	5			3									4							1
4				6			8					1				8			3	
8		3	7				9						2		3	9			8	
						9				7	8		3		2				7	
	4			2	3		6	7		2		4		1		7	8	2		
			9		8	5				4						5				
									4											
							9				6									
						3														
								1	5		7			8						
										8			5							
						7						3								

87

						9				2			3							
						6			3		8									
										4										
								1	2											
								9	5	3				2						
									7	6	4	8								
2			3	4		8						1			5	7	6		8	
6					7	2		4								4		6		
9					6								6							
				6		4							5			6	2	1		3
	1	3													9		5			
4	2				1	7		3								1		7		
7			6	3	2	1	4	8		7	9		3		4					
		4				9			3				7	8			1			4
				8	4	5	3					9		1		5	7			
						4					3			6						
							2		6				1	7						
								6	1											
							1	4				2								
										8				4						
							8				2									

88

										7			2							
							3		8		4	9								
									3	9	5	7	6							
							5													
						6		9					1							
						1														
4			1							3									6	
	1			6				5	9	1					1			9	3	8
9	8		7							8				7	4					5
					9			1					3	1			7			
	6				7		3	8				7				8				
		5		4	8		9					8		4				5	7	
	9						4		1										1	
	3	7	4	9					9	4							1			
	2	4		3	1	7		9						8			9	6		
						9				6										
										3				4						
													8							
						5					1	8		7						
								8		5		3	4							
						3		7	2					9						

89

											8									
								4			2	6								
						8	6	9					4							
							3													
						7		8	1		9									
										7		5								
	7		4					5		4								5		4
	3	4		2	7			1		3					9					3	
		1			9	3			5	9							4			
7	9	6		1		8							8	1					4	
			7			4						9				4			2	
4			9											2	8		3			
							6	4				3	7					2	9	
5								9		1			6				9			7
		9				5	3		6						3					5
							1				4									
						9						7		5						
										2				1						
							5	3	4		1	6	9							
										5		1		7						
										6	9	8								

90

											5		1	7						
						8			1	3										
						5					7									
						1			5		2		7	8						
														1						
											8	3	2							
3		6					4									9	8		3	
2	9	5			8	6					4		3	9			2			
			1		2				7	8							3	5		
			9					4					2						9	5
			5									5	8							
1						7									1			2		
	6					8				6	1					6				
8					5	4	1						5		3		7			
	3			8													9			4
									8	9		7	6							
						6	9	8				5		2						
								3				1	8	9						
						2				8	7	4								
							8			1	2		7							
						9					5			1						

91

								3			6	1								
										7			4	6						
								1	5			7								
											9	6								
								8	7	3		2		9						
													1	7						
9		5					3			2		9		1			7			
8					7	1							7		6		8			
	7	1	6							1		3	2			5		9		
				1				3				8				1		4		
					8	9									9					
		9	7		6		8					7	9			4	3		5	
					2		1		2			6			2				4	
4								5			6				4	7		1		
1				9			6		9										3	
								4				5								
										5				2						
								9	7	4										
									8	7										
							2	1		9			6							
							7					9	2							

92

						4		5												
											6									
									3					9						
									6	1		3	7							
						3		2		4										
							6	7		3		9								
	7										8				1	4			3	
	4	1			9	6			9						5	8				
				3					4	6	3			5						1
2				7													9			4
			6	8			1					4							6	
	1												2			1		9	5	
	3	8		9				2	4			9				3				
1				4		5			1		2	3		4			1		2	9
	9		1							8	6			2						6
						9		8				2		6						
													8							
						3						1								
						8				6		7								
								5						1						
								7	3	5	4			9						

93

							7				4									
													3							
						5		2				4	9	6						
									4		1									
						6				9		8								
								3		6	8	7		9						
			7	5													9	7		
				4				5				9	8		1	7		6	4	
	5				6	3			9				7					9	2	
	7	9										5				3				4
	6			1			5							7					1	
	4			8		6									2					
	3			7					2	7										8
6	8								5				2			5			9	
		4		6			9								4	9			6	
							4					9	1	8						
									9		2		7							
								7	4	8			6							
								4				6	8	7						
								1	8	3			4							
							6					1								

94

											2	8	5							
								5	4		1									
								9		7			4							
						4				5				7						
									9	3		4	6							
														8						
	9		8		2				3			2							3	
1					7				7								9			
		7								1						8				
		1	9		5	8	7					1	5	3	6			7		
																2		3	9	
9	3		7			5	2					9		2	4				5	8
3	2			8					2						8	7	6	2		4
5						9											3			
	1					2	3			4		8						9		
						5					3									
						6				8			7	5						
						1		9	4											
										1	6	9								
										9									
						7					4			3						

95

											6									
						6		1		4	9		5	2						
								3	1			8								
						1														
											5		4							
						3	7			6		1		5						
			2				1							3		8			4	
2					3		6		9			5						6	2	
4	8		6	5									8						3	9
				8				6				2	6							3
						9									6					
1	9				6		7	3				4			5		7		6	
							2	1		9		7	4					5		
8	6	5					9				8						4		8	6
				6					7								5		7	4
						4				8				7						
													6	5						
										6		4								
						8			3											
						1						6	2							
							6	3		5		8								

96

							4													
							9	2			5	8								
							7		4			5								
										2	3		1							
										1										
						6		7			9									
8				5	4	7			2	4				5				3		
				8	6				3		7	4		9	1	7		2		
	9				7	4	6			9	1	2					6			4
						6		2						3	7				2	
		3					1									6	9			
7			4										9			1				
	8				2					5					4			5	1	
4	3							6			1							6		
	6											9	5		6	8			3	
							2	8	4				6							
							6	4			5		8							
							3		6	7										
						6							4							
						8	1			4		6		7						
							5	3					1	8						

97

							7			6			2							
						2		5	4		7		3							
						6				2		7	9							
								9			2	4	5							
													1							
												8								
	5			4				1			5	2		6		8				3
	8		6									5	8			6			7	
	4		1		9				1	4										
	9														5					2
		6	9					4				1	2				6		5	
3		7					1	5					6					1	4	
9						2	5	3	6			7					2			
5		1			6					1				4			7			
			5						9		3					4	1			
						6		8	4					3						
						5			3		7									
								4						6						
						9		7				1	2							
									7				4							
										8				7						

98

								3	6	4		7								
								2						3						
									3	1			2							
						8	9	1	4	5				2						
						6			2	9										
						4			8											
	3						7		9	3		1			7		6		3	
						3		6		7							1	5		7
	7			8					1							5				
					9	8	5	7					9						2	6
		9	8		2			4				6				7	4		5	
		5													8	6		3		
5				6	8			1					6	8			9			
	6			9		7			4	6										
			1	7		9		5										7		
										2										
									5					9						
							5			7		3	8							
							7		1			8								
								6		8			5							
									6	4			7	3						

99

						4				1				5						
							7	6												
							1		3	5										
							9	5	8		3			4						
							8	4												
							6		9											
6	1		4	9				3								9			8	
										2	1				7	6	1		2	
			3			6							4				3		5	
4		1											6		9					7
	9		1		7		3	8				3	1				8		9	
	8	5																		
			8		3	6			9			8	7							2
	6					3	8	7			5			6	8		7			
	3				4					7					5	1			7	
									3	8	6	5	2							
						6				9			1							
												6								
							7		1				4							
						5	2				7	3		1						
							3						5							

100

								3		9			8							
						9				1										
						1			5					7						
									7											
						2				5										
							4		9					3						
2				6	5		1	9		2				4	1			6	2	
6					9	3			1		4			2	7					4
7	9					4	6		3			8	5		4					9
5												1	3	6				4	7	8
				4	2			3				4								
9		4		7	6	2							2	5	3					
	5					6		8			5		4			6				
	7									4		2			9					
3		2					9	4	6						8		7		6	
									5		9	1	8	4						
													5							
						4			8	3			7							
						3														
								6	1	9		4	3							
													2							

Solutions

1

						3	5	8	9	2	7	1	4	6						
						1	6	9	5	4	3	7	2	8						
						7	4	2	1	8	6	5	3	9						
						5	8	3	4	7	1	6	9	2						
						6	9	1	2	3	5	8	7	4						
						2	7	4	6	9	8	3	1	5						
8	6	4	1	5	2	9	3	7	8	5	4	2	6	1	5	7	4	9	3	8
2	3	9	6	7	8	4	1	5	3	6	2	9	8	7	3	2	6	5	4	1
5	1	7	4	3	9	8	2	6	7	1	9	4	5	3	9	1	8	7	6	2
7	2	8	5	9	6	3	4	1				7	9	2	6	4	5	1	8	3
3	9	5	8	4	1	6	7	2				6	4	5	1	8	3	2	7	9
6	4	1	3	2	7	5	8	9				3	1	8	2	9	7	6	5	4
1	8	2	9	6	4	7	5	3	6	9	1	8	2	4	7	5	9	3	1	6
4	5	6	7	1	3	2	9	8	3	4	5	1	7	6	4	3	2	8	9	5
9	7	3	2	8	5	1	6	4	8	7	2	5	3	9	8	6	1	4	2	7
						6	3	1	5	2	4	9	8	7						
						5	4	7	9	3	8	6	1	2						
						9	8	2	7	1	6	3	4	5						
						4	7	6	1	8	9	2	5	3						
						3	1	5	2	6	7	4	9	8						
						8	2	9	4	5	3	7	6	1						

2

						5	9	8	4	2	7	6	3	1						
						7	2	6	3	1	5	9	4	8						
						3	4	1	8	9	6	2	7	5						
						6	5	9	1	7	4	3	8	2						
						8	7	4	2	5	3	1	6	9						
						2	1	3	6	8	9	7	5	4						
2	1	8	4	7	6	9	3	5	7	4	1	8	2	6	1	4	7	5	9	3
5	6	4	3	9	2	1	8	7	5	6	2	4	9	3	5	2	6	8	7	1
7	3	9	5	8	1	4	6	2	9	3	8	5	1	7	9	8	3	6	4	2
8	7	1	2	6	3	5	4	9				6	5	2	3	7	1	9	8	4
4	5	6	9	1	7	3	2	8				9	8	4	2	6	5	3	1	7
3	9	2	8	5	4	6	7	1				7	3	1	4	9	8	2	6	5
1	2	7	6	4	9	8	5	3	2	4	6	1	7	9	6	5	2	4	3	8
6	8	3	1	2	5	7	9	4	3	1	5	2	6	8	7	3	4	1	5	9
9	4	5	7	3	8	2	1	6	9	8	7	3	4	5	8	1	9	7	2	6
						5	2	1	7	6	8	4	9	3						
						3	8	7	1	9	4	5	2	6						
						4	6	9	5	3	2	8	1	7						
						1	3	5	6	2	9	7	8	4						
						6	4	2	8	7	3	9	5	1						
						9	7	8	4	5	1	6	3	2						

3

						9	3	2	1	6	7	4	5	8						
						7	4	8	9	5	2	3	1	6						
						5	1	6	3	8	4	9	7	2						
						3	8	9	2	7	5	1	6	4						
						1	5	7	6	4	3	8	2	9						
						2	6	4	8	1	9	7	3	5						
4	6	3	9	2	5	8	7	1	4	2	6	5	9	3	4	8	1	7	6	2
1	2	7	8	4	3	6	9	5	7	3	8	2	4	1	3	7	6	8	5	9
9	8	5	6	1	7	4	2	3	5	9	1	6	8	7	9	5	2	4	1	3
6	7	8	1	3	4	9	5	2				8	7	4	6	3	5	9	2	1
3	5	4	2	9	8	1	6	7				9	6	5	1	2	4	3	7	8
2	9	1	5	7	6	3	8	4				1	3	2	7	9	8	5	4	6
5	4	9	3	8	2	7	1	6	5	4	9	3	2	8	5	1	7	6	9	4
7	1	6	4	5	9	2	3	8	1	7	6	4	5	9	2	6	3	1	8	7
8	3	2	7	6	1	5	4	9	3	2	8	7	1	6	8	4	9	2	3	5
						6	9	7	4	1	2	5	8	3						
						1	8	5	6	9	3	2	7	4						
						4	2	3	7	8	5	9	6	1						
						9	7	4	8	5	1	6	3	2						
						3	5	1	2	6	4	8	9	7						
						8	6	2	9	3	7	1	4	5						

4

						9	6	4	7	5	3	2	8	1						
						1	8	3	6	4	2	7	9	5						
						2	7	5	8	1	9	6	3	4						
						8	5	9	4	2	1	3	6	7						
						3	4	6	9	7	5	8	1	2						
						7	2	1	3	8	6	5	4	9						
6	4	7	1	9	2	5	3	8	1	9	7	4	2	6	9	5	8	3	7	1
8	1	2	5	3	4	6	9	7	2	3	4	1	5	8	2	3	7	9	4	6
3	9	5	6	8	7	4	1	2	5	6	8	9	7	3	1	6	4	5	8	2
2	8	1	9	6	5	7	4	3				7	3	9	8	1	2	4	6	5
7	6	4	3	2	8	1	5	9				2	6	4	3	9	5	7	1	8
9	5	3	7	4	1	2	8	6				8	1	5	7	4	6	2	9	3
1	7	8	2	5	3	9	6	4	5	2	7	3	8	1	4	2	9	6	5	7
5	3	9	4	7	6	8	2	1	4	3	6	5	9	7	6	8	3	1	2	4
4	2	6	8	1	9	3	7	5	9	8	1	6	4	2	5	7	1	8	3	9
						5	9	2	6	1	4	8	7	3						
						4	3	8	2	7	5	9	1	6						
						6	1	7	8	9	3	4	2	5						
						2	4	6	7	5	9	1	3	8						
						7	5	3	1	4	8	2	6	9						
						1	8	9	3	6	2	7	5	4						

5

						9	4	3	6	5	1	8	2	7						
						1	6	8	7	2	3	5	4	9						
						7	2	5	9	8	4	6	1	3						
						5	3	9	4	1	8	2	7	6						
						6	8	4	2	3	7	1	9	5						
						2	7	1	5	6	9	3	8	4						
1	8	7	3	9	2	4	5	6	8	7	2	9	3	1	5	6	4	7	2	8
3	9	2	4	5	6	8	1	7	3	9	5	4	6	2	7	9	8	1	5	3
5	6	4	1	7	8	3	9	2	1	4	6	7	5	8	2	3	1	4	9	6
8	5	1	7	3	4	6	2	9				6	1	7	8	4	2	5	3	9
4	2	9	6	1	5	7	3	8				5	8	3	6	7	9	2	1	4
7	3	6	2	8	9	1	4	5				2	9	4	1	5	3	6	8	7
9	1	8	5	4	7	2	6	3	4	8	5	1	7	9	3	2	6	8	4	5
6	4	5	8	2	3	9	7	1	6	3	2	8	4	5	9	1	7	3	6	2
2	7	3	9	6	1	5	8	4	1	7	9	3	2	6	4	8	5	9	7	1
						6	4	2	5	1	8	9	3	7						
						7	1	8	3	9	6	4	5	2						
						3	9	5	7	2	4	6	8	1						
						4	3	6	9	5	7	2	1	8						
						1	2	7	8	6	3	5	9	4						
						8	5	9	2	4	1	7	6	3						

6

						9	2	7	5	6	4	8	1	3						
						4	3	8	1	2	7	9	6	5						
						1	5	6	9	8	3	7	4	2						
						2	8	9	3	7	1	6	5	4						
						3	6	4	2	5	8	1	9	7						
						5	7	1	6	4	9	2	3	8						
8	4	5	1	3	7	6	9	2	7	3	5	4	8	1	5	2	3	6	9	7
9	7	3	2	6	4	8	1	5	4	9	2	3	7	6	4	8	9	2	1	5
6	1	2	5	8	9	7	4	3	8	1	6	5	2	9	6	1	7	4	8	3
2	9	4	8	7	1	3	5	6				2	9	3	8	5	6	7	4	1
7	5	1	6	9	3	4	2	8				6	5	4	7	9	1	8	3	2
3	8	6	4	2	5	9	7	1				8	1	7	2	3	4	9	5	6
5	2	7	3	4	6	1	8	9	2	4	3	7	6	5	3	4	8	1	2	9
4	6	8	9	1	2	5	3	7	6	8	9	1	4	2	9	7	5	3	6	8
1	3	9	7	5	8	2	6	4	1	7	5	9	3	8	1	6	2	5	7	4
						7	1	6	5	9	2	3	8	4						
						9	5	8	4	3	1	2	7	6						
						4	2	3	7	6	8	5	9	1						
						6	9	2	3	5	4	8	1	7						
						8	4	1	9	2	7	6	5	3						
						3	7	5	8	1	6	4	2	9						

7

						3	5	2	6	1	9	8	4	7						
						6	8	1	7	4	2	9	3	5						
						7	9	4	5	3	8	2	6	1						
						9	2	3	4	5	1	6	7	8						
						5	1	7	8	6	3	4	9	2						
						4	6	8	9	2	7	5	1	3						
6	3	2	8	4	5	1	7	9	2	8	4	3	5	6	2	9	4	7	8	1
4	8	5	9	7	1	2	3	6	1	9	5	7	8	4	3	1	6	9	2	5
7	1	9	2	3	6	8	4	5	3	7	6	1	2	9	7	5	8	6	3	4
8	2	6	5	9	4	7	1	3				6	3	7	5	2	9	1	4	8
9	7	3	6	1	8	4	5	2				4	9	2	8	6	1	3	5	7
5	4	1	3	2	7	6	9	8				8	1	5	4	3	7	2	9	6
1	5	8	4	6	9	3	2	7	6	9	8	5	4	1	9	7	3	8	6	2
2	9	4	7	8	3	5	6	1	4	2	3	9	7	8	6	4	2	5	1	3
3	6	7	1	5	2	9	8	4	7	1	5	2	6	3	1	8	5	4	7	9
						7	5	9	2	3	4	1	8	6						
						6	3	2	8	7	1	4	5	9						
						4	1	8	9	5	6	7	3	2						
						2	4	5	3	6	9	8	1	7						
						1	9	6	5	8	7	3	2	4						
						8	7	3	1	4	2	6	9	5						

8

						6	5	7	4	8	1	2	9	3						
						3	1	2	9	6	5	8	4	7						
						9	8	4	3	2	7	6	5	1						
						5	6	1	2	9	3	4	7	8						
						2	3	8	7	4	6	9	1	5						
						4	7	9	1	5	8	3	2	6						
8	4	7	5	2	6	1	9	3	8	7	4	5	6	2	1	7	9	4	8	3
6	3	1	8	4	9	7	2	5	6	3	9	1	8	4	5	6	3	9	7	2
5	2	9	3	1	7	8	4	6	5	1	2	7	3	9	8	4	2	5	6	1
1	6	5	9	3	8	2	7	4				9	7	1	6	2	8	3	4	5
4	7	8	2	5	1	3	6	9				2	4	6	7	3	5	1	9	8
2	9	3	7	6	4	5	8	1				3	5	8	4	9	1	6	2	7
7	8	6	1	9	3	4	5	2	1	7	6	8	9	3	2	1	6	7	5	4
3	5	4	6	7	2	9	1	8	4	3	5	6	2	7	3	5	4	8	1	9
9	1	2	4	8	5	6	3	7	9	8	2	4	1	5	9	8	7	2	3	6
						1	9	6	5	2	8	3	7	4						
						7	4	3	6	9	1	5	8	2						
						8	2	5	7	4	3	1	6	9						
						5	7	4	8	6	9	2	3	1						
						3	6	9	2	1	4	7	5	8						
						2	8	1	3	5	7	9	4	6						

9

						4	2	8	1	7	5	3	6	9						
						6	3	9	2	8	4	5	1	7						
						5	7	1	9	3	6	8	4	2						
						7	4	5	3	6	9	1	2	8						
						1	8	6	7	5	2	9	3	4						
						3	9	2	4	1	8	6	7	5						
2	8	5	7	4	6	9	1	3	8	2	7	4	5	6	8	7	2	1	3	9
3	1	7	9	8	5	2	6	4	5	9	1	7	8	3	1	9	5	6	2	4
6	4	9	2	1	3	8	5	7	6	4	3	2	9	1	4	3	6	8	5	7
8	9	3	1	2	7	6	4	5				5	4	8	9	1	3	2	7	6
4	2	6	3	5	8	7	9	1				1	2	9	5	6	7	3	4	8
5	7	1	6	9	4	3	8	2				3	6	7	2	4	8	5	9	1
7	5	4	8	3	9	1	2	6	8	7	4	9	3	5	6	8	4	7	1	2
9	3	2	5	6	1	4	7	8	9	5	3	6	1	2	7	5	9	4	8	3
1	6	8	4	7	2	5	3	9	6	2	1	8	7	4	3	2	1	9	6	5
						6	4	5	7	8	2	3	9	1						
						8	1	7	3	9	5	4	2	6						
						3	9	2	1	4	6	5	8	7						
						7	6	4	2	3	8	1	5	9						
						9	5	3	4	1	7	2	6	8						
						2	8	1	5	6	9	7	4	3						

10

						4	1	9	2	7	3	8	5	6						
						8	6	5	1	9	4	2	3	7						
						2	7	3	5	6	8	4	9	1						
						9	8	4	3	2	1	6	7	5						
						3	2	6	7	8	5	9	1	4						
						7	5	1	9	4	6	3	2	8						
7	1	9	8	4	5	6	3	2	4	5	7	1	8	9	2	5	7	6	3	4
6	5	8	2	3	9	1	4	7	8	3	9	5	6	2	8	3	4	7	1	9
4	2	3	6	7	1	5	9	8	6	1	2	7	4	3	1	9	6	8	5	2
8	6	1	3	9	4	2	7	5				9	5	7	3	6	2	1	4	8
9	4	5	7	6	2	3	8	1				4	2	8	5	7	1	9	6	3
2	3	7	1	5	8	4	6	9				3	1	6	4	8	9	5	2	7
5	8	6	9	1	3	7	2	4	8	1	9	6	3	5	9	2	8	4	7	1
3	9	4	5	2	7	8	1	6	5	3	7	2	9	4	7	1	5	3	8	6
1	7	2	4	8	6	9	5	3	6	4	2	8	7	1	6	4	3	2	9	5
						3	7	2	1	9	8	4	5	6						
						6	8	5	7	2	4	3	1	9						
						1	4	9	3	6	5	7	8	2						
						4	3	1	9	8	6	5	2	7						
						5	6	8	2	7	1	9	4	3						
						2	9	7	4	5	3	1	6	8						

11

						2	3	8	6	9	7	4	1	5						
						7	6	1	4	8	5	9	2	3						
						5	4	9	1	2	3	7	8	6						
						1	2	6	7	3	4	8	5	9						
						9	5	4	8	1	6	3	7	2						
						3	8	7	9	5	2	1	6	4						
9	4	2	8	1	5	6	7	3	5	4	8	2	9	1	3	5	4	7	6	8
1	6	8	7	2	3	4	9	5	2	7	1	6	3	8	7	1	9	2	4	5
3	5	7	6	9	4	8	1	2	3	6	9	5	4	7	2	8	6	9	3	1
4	1	6	5	3	2	7	8	9				1	7	2	9	4	8	3	5	6
2	7	5	4	8	9	3	6	1				4	6	3	5	2	7	8	1	9
8	9	3	1	6	7	5	2	4				9	8	5	1	6	3	4	2	7
7	8	4	9	5	1	2	3	6	4	5	8	7	1	9	4	3	5	6	8	2
6	2	1	3	4	8	9	5	7	3	1	6	8	2	4	6	7	1	5	9	3
5	3	9	2	7	6	1	4	8	2	7	9	3	5	6	8	9	2	1	7	4
						3	6	1	8	2	5	4	9	7						
						4	8	2	1	9	7	5	6	3						
						7	9	5	6	4	3	2	8	1						
						8	1	3	5	6	4	9	7	2						
						6	7	4	9	8	2	1	3	5						
						5	2	9	7	3	1	6	4	8						

12

						3	5	9	7	1	8	4	2	6						
						4	1	7	2	6	3	8	9	5						
						8	2	6	9	5	4	1	3	7						
						5	7	3	6	8	9	2	1	4						
						1	6	4	3	2	5	7	8	9						
						9	8	2	1	4	7	6	5	3						
2	3	9	1	8	6	7	4	5	8	9	2	3	6	1	8	7	9	2	5	4
1	4	5	7	2	3	6	9	8	4	3	1	5	7	2	3	4	6	8	9	1
7	6	8	9	5	4	2	3	1	5	7	6	9	4	8	1	5	2	7	6	3
6	5	4	2	3	9	8	1	7				2	8	3	5	9	7	4	1	6
3	8	7	5	4	1	9	2	6				7	1	5	4	6	8	3	2	9
9	2	1	8	6	7	4	5	3				6	9	4	2	1	3	5	7	8
8	1	6	3	9	2	5	7	4	2	9	8	1	3	6	7	8	5	9	4	2
5	9	3	4	7	8	1	6	2	4	7	3	8	5	9	6	2	4	1	3	7
4	7	2	6	1	5	3	8	9	1	5	6	4	2	7	9	3	1	6	8	5
						2	1	7	5	3	4	9	6	8						
						8	4	5	7	6	9	2	1	3						
						9	3	6	8	2	1	5	7	4						
						6	2	8	3	4	5	7	9	1						
						7	9	1	6	8	2	3	4	5						
						4	5	3	9	1	7	6	8	2						

13

						3	4	9	1	5	7	6	8	2						
						8	1	7	2	6	3	5	4	9						
						5	6	2	4	8	9	1	3	7						
						7	5	3	6	2	8	4	9	1						
						1	9	8	7	4	5	2	6	3						
						6	2	4	9	3	1	7	5	8						
3	8	1	6	2	4	9	7	5	8	1	6	3	2	4	9	5	6	1	7	8
9	6	4	8	7	5	2	3	1	5	9	4	8	7	6	4	1	3	2	9	5
5	7	2	9	3	1	4	8	6	3	7	2	9	1	5	7	8	2	4	6	3
6	5	9	1	4	3	8	2	7				4	9	7	1	6	8	5	3	2
4	3	8	2	6	7	5	1	9				2	6	3	5	4	7	8	1	9
2	1	7	5	8	9	6	4	3				1	5	8	2	3	9	7	4	6
7	4	5	3	9	8	1	6	2	7	4	8	5	3	9	8	7	4	6	2	1
1	2	3	4	5	6	7	9	8	2	5	3	6	4	1	3	2	5	9	8	7
8	9	6	7	1	2	3	5	4	6	1	9	7	8	2	6	9	1	3	5	4
						2	4	1	5	6	7	3	9	8						
						6	8	7	3	9	2	1	5	4						
						5	3	9	1	8	4	2	6	7						
						9	2	6	8	7	5	4	1	3						
						4	7	5	9	3	1	8	2	6						
						8	1	3	4	2	6	9	7	5						

14

						9	7	4	6	5	8	3	2	1						
						1	2	8	4	3	7	5	9	6						
						5	3	6	1	9	2	8	7	4						
						2	4	7	5	6	1	9	3	8						
						6	8	1	3	2	9	7	4	5						
						3	5	9	8	7	4	1	6	2						
2	7	4	1	3	6	8	9	5	2	4	3	6	1	7	8	5	9	2	3	4
5	9	6	7	8	2	4	1	3	7	8	6	2	5	9	1	4	3	7	8	6
1	8	3	4	5	9	7	6	2	9	1	5	4	8	3	2	7	6	9	1	5
4	3	9	5	2	7	1	8	6				9	2	8	6	1	4	5	7	3
7	2	5	6	1	8	3	4	9				3	6	1	5	2	7	8	4	9
8	6	1	9	4	3	2	5	7				7	4	5	9	3	8	1	6	2
9	5	8	2	7	1	6	3	4	5	1	9	8	7	2	4	6	5	3	9	1
3	4	7	8	6	5	9	2	1	6	8	7	5	3	4	7	9	1	6	2	8
6	1	2	3	9	4	5	7	8	4	2	3	1	9	6	3	8	2	4	5	7
						1	6	9	3	7	5	4	2	8						
						4	5	3	8	6	2	7	1	9						
						7	8	2	9	4	1	6	5	3						
						3	9	6	7	5	4	2	8	1						
						8	1	5	2	9	6	3	4	7						
						2	4	7	1	3	8	9	6	5						

15

						4	3	6	5	9	2	1	8	7						
						2	7	5	6	8	1	4	3	9						
						8	9	1	3	4	7	2	5	6						
						7	4	8	9	2	3	5	6	1						
						1	2	9	8	5	6	3	7	4						
						6	5	3	7	1	4	9	2	8						
9	7	5	2	6	8	3	1	4	2	6	8	7	9	5	2	1	6	4	8	3
4	2	6	3	9	1	5	8	7	1	3	9	6	4	2	5	3	8	1	9	7
1	8	3	7	4	5	9	6	2	4	7	5	8	1	3	4	7	9	5	6	2
5	4	8	6	2	3	1	7	9				1	2	8	7	6	3	9	4	5
6	3	9	1	7	4	2	5	8				4	3	9	1	5	2	8	7	6
7	1	2	5	8	9	4	3	6				5	6	7	8	9	4	2	3	1
8	5	7	9	1	2	6	4	3	8	7	2	9	5	1	3	4	7	6	2	8
2	6	1	4	3	7	8	9	5	1	4	3	2	7	6	9	8	1	3	5	4
3	9	4	8	5	6	7	2	1	5	9	6	3	8	4	6	2	5	7	1	9
						5	8	2	6	3	4	7	1	9						
						3	7	9	2	1	5	4	6	8						
						4	1	6	9	8	7	5	3	2						
						2	5	4	7	6	1	8	9	3						
						9	6	7	3	2	8	1	4	5						
						1	3	8	4	5	9	6	2	7						

16

						1	3	7	4	2	6	8	5	9						
						5	2	8	7	9	3	1	6	4						
						6	9	4	5	1	8	2	3	7						
						9	5	6	8	3	7	4	2	1						
						8	1	3	2	4	5	9	7	6						
						7	4	2	9	6	1	3	8	5						
4	3	6	8	9	5	2	7	1	6	8	4	5	9	3	7	6	8	1	2	4
7	9	1	2	6	3	4	8	5	3	7	9	6	1	2	5	9	4	8	3	7
8	2	5	4	1	7	3	6	9	1	5	2	7	4	8	2	1	3	9	6	5
9	5	3	7	8	4	1	2	6				9	8	6	3	2	5	7	4	1
1	7	4	6	2	9	8	5	3				2	7	5	4	8	1	6	9	3
2	6	8	5	3	1	7	9	4				4	3	1	6	7	9	2	5	8
3	8	7	1	5	6	9	4	2	1	3	6	8	5	7	9	3	6	4	1	2
6	1	2	9	4	8	5	3	7	8	2	9	1	6	4	8	5	2	3	7	9
5	4	9	3	7	2	6	1	8	5	4	7	3	2	9	1	4	7	5	8	6
						1	9	3	7	6	5	2	4	8						
						2	5	6	3	8	4	9	7	1						
						8	7	4	9	1	2	6	3	5						
						7	8	1	6	5	3	4	9	2						
						3	2	5	4	9	8	7	1	6						
						4	6	9	2	7	1	5	8	3						

17

						3	1	8	4	2	5	6	9	7						
						9	5	7	8	6	1	2	3	4						
						6	4	2	9	3	7	8	5	1						
						4	9	1	2	8	3	7	6	5						
						8	7	3	6	5	9	4	1	2						
						2	6	5	7	1	4	3	8	9						
6	3	8	9	5	7	1	2	4	3	9	6	5	7	8	1	9	6	4	3	2
5	1	4	8	2	6	7	3	9	5	4	8	1	2	6	4	8	3	7	9	5
9	2	7	3	4	1	5	8	6	1	7	2	9	4	3	7	5	2	6	8	1
3	4	1	6	9	5	8	7	2				7	5	1	3	6	8	2	4	9
8	7	9	2	1	3	6	4	5				4	8	2	9	1	7	3	5	6
2	6	5	7	8	4	9	1	3				6	3	9	5	2	4	8	1	7
7	8	2	4	6	9	3	5	1	6	7	2	8	9	4	6	7	1	5	2	3
4	5	6	1	3	8	2	9	7	1	8	4	3	6	5	2	4	9	1	7	8
1	9	3	5	7	2	4	6	8	3	5	9	2	1	7	8	3	5	9	6	4
						6	2	4	8	3	7	9	5	1						
						7	3	5	2	9	1	6	4	8						
						8	1	9	4	6	5	7	2	3						
						1	7	6	5	2	8	4	3	9						
						5	8	2	9	4	3	1	7	6						
						9	4	3	7	1	6	5	8	2						

18

						5	1	3	4	9	7	6	2	8						
						7	8	4	2	5	6	3	1	9						
						2	6	9	3	1	8	7	4	5						
						8	3	7	9	6	2	1	5	4						
						6	9	1	5	7	4	2	8	3						
						4	5	2	1	8	3	9	6	7						
5	6	4	9	3	2	1	7	8	6	4	9	5	3	2	1	8	6	9	7	4
2	9	1	5	8	7	3	4	6	7	2	5	8	9	1	4	5	7	2	6	3
7	8	3	4	1	6	9	2	5	8	3	1	4	7	6	9	2	3	1	5	8
8	5	2	1	6	4	7	3	9				9	2	7	8	6	5	3	4	1
1	7	6	3	5	9	4	8	2				6	1	8	3	7	4	5	2	9
3	4	9	7	2	8	5	6	1				3	4	5	2	9	1	7	8	6
9	3	8	6	4	1	2	5	7	8	3	4	1	6	9	5	4	2	8	3	7
4	2	7	8	9	5	6	1	3	5	7	9	2	8	4	7	3	9	6	1	5
6	1	5	2	7	3	8	9	4	2	1	6	7	5	3	6	1	8	4	9	2
						7	6	8	9	4	1	3	2	5						
						1	3	2	7	5	8	4	9	6						
						5	4	9	6	2	3	8	1	7						
						3	8	1	4	6	5	9	7	2						
						9	2	6	3	8	7	5	4	1						
						4	7	5	1	9	2	6	3	8						

19

						8	7	1	5	4	9	6	2	3						
						6	2	9	8	3	7	4	1	5						
						5	3	4	1	6	2	7	9	8						
						9	8	2	7	5	6	3	4	1						
						4	6	7	9	1	3	8	5	2						
						3	1	5	4	2	8	9	7	6						
9	7	3	4	6	2	1	5	8	6	9	4	2	3	7	9	8	6	1	4	5
4	6	2	5	1	8	7	9	3	2	8	1	5	6	4	1	2	3	9	7	8
8	1	5	7	3	9	2	4	6	3	7	5	1	8	9	5	4	7	6	3	2
3	2	9	8	4	7	5	6	1				4	7	8	6	1	2	3	5	9
7	4	6	1	2	5	3	8	9				9	2	1	7	3	5	4	8	6
5	8	1	6	9	3	4	7	2				3	5	6	4	9	8	7	2	1
6	9	4	3	5	1	8	2	7	4	1	5	6	9	3	2	5	4	8	1	7
2	3	8	9	7	4	6	1	5	9	8	3	7	4	2	8	6	1	5	9	3
1	5	7	2	8	6	9	3	4	7	6	2	8	1	5	3	7	9	2	6	4
						4	9	8	5	2	6	1	3	7						
						2	7	1	8	3	4	9	5	6						
						3	5	6	1	7	9	2	8	4						
						1	8	2	3	5	7	4	6	9						
						7	4	3	6	9	8	5	2	1						
						5	6	9	2	4	1	3	7	8						

20

						4	3	2	6	1	9	7	5	8						
						7	8	1	2	5	3	9	4	6						
						6	9	5	7	8	4	2	3	1						
						1	2	7	8	3	6	5	9	4						
						5	4	3	1	9	7	6	8	2						
						9	6	8	5	4	2	1	7	3						
9	5	7	2	8	4	3	1	6	9	7	8	4	2	5	6	3	8	7	9	1
4	3	2	1	7	6	8	5	9	4	2	1	3	6	7	4	9	1	8	2	5
1	6	8	5	3	9	2	7	4	3	6	5	8	1	9	5	7	2	4	6	3
3	7	6	4	5	8	9	2	1				7	4	6	1	2	5	9	3	8
8	1	4	9	2	3	7	6	5				9	5	3	8	6	7	2	1	4
2	9	5	6	1	7	4	3	8				2	8	1	9	4	3	5	7	6
5	8	1	3	9	2	6	4	7	9	1	8	5	3	2	7	1	4	6	8	9
7	4	3	8	6	5	1	9	2	4	5	3	6	7	8	3	5	9	1	4	2
6	2	9	7	4	1	5	8	3	6	2	7	1	9	4	2	8	6	3	5	7
						7	6	5	1	8	9	4	2	3						
						9	1	4	5	3	2	8	6	7						
						2	3	8	7	6	4	9	5	1						
						8	7	6	3	9	1	2	4	5						
						4	2	9	8	7	5	3	1	6						
						3	5	1	2	4	6	7	8	9						

21

						8	3	5	6	4	9	2	1	7						
						2	6	9	5	7	1	4	8	3						
						1	4	7	3	8	2	5	6	9						
						9	5	8	1	6	4	3	7	2						
						4	7	1	2	3	8	6	9	5						
						3	2	6	9	5	7	1	4	8						
1	5	2	9	6	4	7	8	3	4	2	6	9	5	1	8	3	4	2	7	6
8	7	6	2	1	3	5	9	4	7	1	3	8	2	6	5	1	7	3	9	4
3	9	4	7	8	5	6	1	2	8	9	5	7	3	4	2	6	9	5	1	8
9	3	8	4	7	6	1	2	5				5	8	7	9	2	6	1	4	3
6	1	5	3	2	9	8	4	7				6	9	3	4	5	1	8	2	7
2	4	7	1	5	8	3	6	9				4	1	2	7	8	3	9	6	5
5	2	3	6	4	1	9	7	8	6	3	1	2	4	5	6	9	8	7	3	1
7	6	9	8	3	2	4	5	1	7	9	2	3	6	8	1	7	2	4	5	9
4	8	1	5	9	7	2	3	6	4	8	5	1	7	9	3	4	5	6	8	2
						5	6	2	3	7	4	8	9	1						
						7	1	4	9	5	8	6	2	3						
						3	8	9	1	2	6	4	5	7						
						6	4	7	5	1	3	9	8	2						
						1	2	5	8	6	9	7	3	4						
						8	9	3	2	4	7	5	1	6						

22

						1	5	7	9	3	2	8	4	6						
						3	6	4	7	8	1	2	5	9						
						9	2	8	4	5	6	3	7	1						
						6	3	5	8	7	9	4	1	2						
						8	1	9	2	4	3	7	6	5						
						7	4	2	6	1	5	9	8	3						
9	4	7	5	6	1	2	8	3	1	6	4	5	9	7	8	4	2	1	3	6
2	6	8	9	3	4	5	7	1	3	9	8	6	2	4	3	1	7	8	9	5
3	1	5	2	7	8	4	9	6	5	2	7	1	3	8	5	6	9	2	4	7
1	3	6	7	9	5	8	4	2				8	7	1	2	9	3	6	5	4
4	7	9	8	1	2	6	3	5				2	4	3	1	5	6	7	8	9
8	5	2	6	4	3	7	1	9				9	6	5	7	8	4	3	1	2
5	8	4	1	2	9	3	6	7	8	5	2	4	1	9	6	7	8	5	2	3
7	2	1	3	8	6	9	5	4	3	6	1	7	8	2	9	3	5	4	6	1
6	9	3	4	5	7	1	2	8	7	4	9	3	5	6	4	2	1	9	7	8
						7	3	2	5	8	6	1	9	4						
						6	1	5	4	9	3	8	2	7						
						8	4	9	1	2	7	5	6	3						
						4	8	6	2	7	5	9	3	1						
						2	7	3	9	1	8	6	4	5						
						5	9	1	6	3	4	2	7	8						

23

						6	8	7	9	3	1	4	5	2						
						1	2	4	5	6	7	9	8	3						
						3	5	9	2	4	8	7	6	1						
						2	6	1	7	5	3	8	9	4						
						7	3	8	4	1	9	6	2	5						
						4	9	5	8	2	6	3	1	7						
9	7	2	6	5	1	8	4	3	1	9	5	2	7	6	4	1	3	5	9	8
3	1	6	9	4	8	5	7	2	6	8	4	1	3	9	2	5	8	4	7	6
4	8	5	3	7	2	9	1	6	3	7	2	5	4	8	9	6	7	3	1	2
8	5	3	7	2	6	1	9	4				6	2	4	7	8	5	9	3	1
2	9	1	4	3	5	7	6	8				3	5	7	6	9	1	2	8	4
7	6	4	8	1	9	3	2	5				9	8	1	3	4	2	6	5	7
5	3	7	1	6	4	2	8	9	1	4	3	7	6	5	1	3	4	8	2	9
6	2	9	5	8	7	4	3	1	6	7	5	8	9	2	5	7	6	1	4	3
1	4	8	2	9	3	6	5	7	8	9	2	4	1	3	8	2	9	7	6	5
						8	6	3	4	2	9	1	5	7						
						9	4	2	7	5	1	6	3	8						
						1	7	5	3	6	8	9	2	4						
						7	9	8	5	3	6	2	4	1						
						5	1	6	2	8	4	3	7	9						
						3	2	4	9	1	7	5	8	6						

24

						6	5	8	9	4	2	3	1	7						
						7	2	9	8	1	3	4	6	5						
						3	4	1	5	7	6	9	8	2						
						4	7	6	3	2	5	1	9	8						
						8	3	2	1	6	9	7	5	4						
						9	1	5	7	8	4	2	3	6						
1	6	4	7	5	8	2	9	3	6	5	7	8	4	1	2	3	5	9	6	7
5	8	3	9	4	2	1	6	7	4	3	8	5	2	9	6	7	4	3	1	8
2	7	9	1	6	3	5	8	4	2	9	1	6	7	3	1	8	9	5	2	4
6	4	2	8	1	5	3	7	9				2	6	5	9	1	8	4	7	3
3	1	5	4	7	9	6	2	8				9	1	4	3	5	7	2	8	6
7	9	8	3	2	6	4	1	5				3	8	7	4	6	2	1	9	5
8	2	7	6	3	4	9	5	1	6	4	2	7	3	8	5	2	1	6	4	9
9	3	6	5	8	1	7	4	2	5	8	3	1	9	6	8	4	3	7	5	2
4	5	1	2	9	7	8	3	6	7	1	9	4	5	2	7	9	6	8	3	1
						5	1	3	9	2	8	6	4	7						
						6	2	7	1	5	4	9	8	3						
						4	8	9	3	6	7	5	2	1						
						3	9	5	8	7	1	2	6	4						
						1	6	4	2	3	5	8	7	9						
						2	7	8	4	9	6	3	1	5						

25

						5	9	2	1	8	6	4	3	7						
						4	8	3	9	7	5	6	2	1						
						6	1	7	4	2	3	9	8	5						
						2	5	9	3	4	1	7	6	8						
						8	6	4	7	5	2	3	1	9						
						3	7	1	8	6	9	2	5	4						
2	9	6	5	4	7	1	3	8	2	9	7	5	4	6	7	1	8	9	2	3
1	4	7	8	3	6	9	2	5	6	1	4	8	7	3	2	9	6	4	1	5
3	8	5	9	1	2	7	4	6	5	3	8	1	9	2	3	5	4	7	6	8
9	2	3	1	8	4	6	5	7				9	2	7	1	6	5	8	3	4
6	1	8	7	2	5	4	9	3				6	1	5	4	8	3	2	9	7
7	5	4	6	9	3	2	8	1				3	8	4	9	7	2	6	5	1
5	3	9	4	6	1	8	7	2	1	3	5	4	6	9	5	3	7	1	8	2
4	7	1	2	5	8	3	6	9	8	4	7	2	5	1	8	4	9	3	7	6
8	6	2	3	7	9	5	1	4	2	9	6	7	3	8	6	2	1	5	4	9
						1	5	6	3	7	9	8	4	2						
						2	8	7	5	1	4	6	9	3						
						4	9	3	6	2	8	1	7	5						
						6	4	8	9	5	1	3	2	7						
						7	2	5	4	8	3	9	1	6						
						9	3	1	7	6	2	5	8	4						

26

						7	6	4	9	5	8	2	1	3						
						1	8	5	3	2	7	6	9	4						
						9	3	2	4	1	6	5	8	7						
						6	5	1	2	3	4	8	7	9						
						2	4	7	8	9	1	3	5	6						
						3	9	8	6	7	5	1	4	2						
7	4	1	6	9	5	8	2	3	5	4	9	7	6	1	2	4	5	8	3	9
8	6	2	4	3	7	5	1	9	7	6	3	4	2	8	1	9	3	7	6	5
3	5	9	1	2	8	4	7	6	1	8	2	9	3	5	8	6	7	2	4	1
9	2	4	7	8	6	3	5	1				6	8	3	4	5	1	9	7	2
1	7	3	5	4	9	6	8	2				2	1	4	6	7	9	5	8	3
5	8	6	3	1	2	9	4	7				5	7	9	3	2	8	4	1	6
2	3	5	8	6	1	7	9	4	1	3	2	8	5	6	7	1	2	3	9	4
4	9	7	2	5	3	1	6	8	7	9	5	3	4	2	9	8	6	1	5	7
6	1	8	9	7	4	2	3	5	4	8	6	1	9	7	5	3	4	6	2	8
						3	7	6	2	4	1	5	8	9						
						8	1	2	5	6	9	4	7	3						
						4	5	9	3	7	8	6	2	1						
						5	2	7	8	1	3	9	6	4						
						6	8	1	9	2	4	7	3	5						
						9	4	3	6	5	7	2	1	8						

27

						2	3	5	7	9	4	8	1	6						
						1	9	8	2	6	3	4	5	7						
						4	7	6	8	5	1	3	2	9						
						3	5	4	6	1	2	7	9	8						
						9	8	2	3	7	5	6	4	1						
						7	6	1	9	4	8	5	3	2						
4	6	5	1	3	7	8	2	9	5	3	7	1	6	4	8	5	7	3	2	9
7	1	2	9	8	5	6	4	3	1	8	9	2	7	5	4	3	9	1	6	8
3	9	8	6	2	4	5	1	7	4	2	6	9	8	3	6	2	1	5	4	7
6	5	7	3	4	2	1	9	8				6	1	2	7	4	5	9	8	3
2	4	3	8	9	1	7	6	5				3	9	7	1	8	2	4	5	6
9	8	1	7	5	6	4	3	2				4	5	8	9	6	3	7	1	2
8	2	4	5	1	9	3	7	6	2	1	5	8	4	9	3	1	6	2	7	5
1	3	6	2	7	8	9	5	4	6	8	3	7	2	1	5	9	8	6	3	4
5	7	9	4	6	3	2	8	1	9	4	7	5	3	6	2	7	4	8	9	1
						8	3	9	7	6	2	4	1	5						
						7	4	2	1	5	9	6	8	3						
						6	1	5	8	3	4	9	7	2						
						4	6	3	5	2	8	1	9	7						
						1	9	8	3	7	6	2	5	4						
						5	2	7	4	9	1	3	6	8						

28

						8	3	2	1	5	6	9	4	7						
						5	6	9	7	3	4	1	2	8						
						4	7	1	2	8	9	3	5	6						
						7	9	4	6	1	8	2	3	5						
						1	5	8	3	7	2	6	9	4						
						6	2	3	9	4	5	8	7	1						
1	8	5	9	2	6	3	4	7	8	2	1	5	6	9	4	3	1	2	7	8
6	4	2	7	1	3	9	8	5	4	6	3	7	1	2	6	8	5	4	3	9
7	9	3	4	8	5	2	1	6	5	9	7	4	8	3	7	9	2	6	1	5
2	1	4	5	3	7	8	6	9				1	4	6	5	7	8	3	9	2
3	5	7	8	6	9	4	2	1				9	7	5	1	2	3	8	6	4
8	6	9	1	4	2	7	5	3				3	2	8	9	4	6	7	5	1
4	3	1	6	9	8	5	7	2	9	8	1	6	3	4	8	5	9	1	2	7
5	2	6	3	7	4	1	9	8	6	3	4	2	5	7	3	1	4	9	8	6
9	7	8	2	5	1	6	3	4	7	2	5	8	9	1	2	6	7	5	4	3
						7	8	6	4	9	3	1	2	5						
						9	4	1	2	5	8	7	6	3						
						3	2	5	1	7	6	4	8	9						
						8	1	7	5	6	9	3	4	2						
						4	6	9	3	1	2	5	7	8						
						2	5	3	8	4	7	9	1	6						

29

						3	4	8	6	7	1	2	9	5						
						9	7	1	2	5	3	8	4	6						
						2	5	6	9	4	8	3	1	7						
						8	9	7	5	6	2	4	3	1						
						6	3	4	1	8	7	9	5	2						
						5	1	2	3	9	4	6	7	8						
6	8	4	5	9	1	7	2	3	8	1	9	5	6	4	9	7	1	3	2	8
2	5	1	7	3	8	4	6	9	7	2	5	1	8	3	5	2	6	9	7	4
3	9	7	6	4	2	1	8	5	4	3	6	7	2	9	8	4	3	1	5	6
1	2	8	4	6	5	9	3	7				9	1	7	4	5	8	6	3	2
4	3	9	1	2	7	6	5	8				8	5	6	3	9	2	4	1	7
7	6	5	3	8	9	2	4	1				4	3	2	1	6	7	5	8	9
9	1	6	2	5	3	8	7	4	5	3	2	6	9	1	2	8	5	7	4	3
5	7	2	8	1	4	3	9	6	8	1	7	2	4	5	7	3	9	8	6	1
8	4	3	9	7	6	5	1	2	6	9	4	3	7	8	6	1	4	2	9	5
						6	5	8	4	2	1	9	3	7						
						2	3	1	7	8	9	5	6	4						
						7	4	9	3	6	5	8	1	2						
						9	2	5	1	7	3	4	8	6						
						1	6	3	2	4	8	7	5	9						
						4	8	7	9	5	6	1	2	3						

30

						9	6	3	5	8	4	1	7	2						
						7	5	2	3	1	6	9	4	8						
						8	4	1	7	9	2	5	6	3						
						3	9	4	8	2	5	7	1	6						
						2	7	6	1	3	9	8	5	4						
						1	8	5	4	6	7	3	2	9						
4	6	8	3	1	9	5	2	7	9	4	8	6	3	1	8	5	7	4	2	9
3	7	5	4	2	8	6	1	9	2	5	3	4	8	7	9	1	2	6	5	3
1	9	2	7	6	5	4	3	8	6	7	1	2	9	5	4	6	3	1	8	7
5	2	1	9	3	7	8	4	6				8	5	4	2	3	6	9	7	1
7	8	3	6	4	1	2	9	5				3	7	6	1	8	9	2	4	5
6	4	9	8	5	2	1	7	3				1	2	9	7	4	5	8	3	6
2	1	6	5	9	3	7	8	4	9	2	6	5	1	3	6	2	8	7	9	4
9	5	7	2	8	4	3	6	1	5	8	7	9	4	2	3	7	1	5	6	8
8	3	4	1	7	6	9	5	2	1	4	3	7	6	8	5	9	4	3	1	2
						5	4	8	7	3	2	6	9	1						
						2	1	7	6	9	4	3	8	5						
						6	3	9	8	5	1	4	2	7						
						4	2	6	3	1	5	8	7	9						
						1	9	5	4	7	8	2	3	6						
						8	7	3	2	6	9	1	5	4						

31

						6	7	8	2	1	3	4	5	9						
						5	4	1	9	7	8	2	6	3						
						3	9	2	6	5	4	1	8	7						
						2	5	7	4	3	6	8	9	1						
						1	3	6	5	8	9	7	4	2						
						9	8	4	1	2	7	6	3	5						
8	7	2	6	9	5	4	1	3	7	6	5	9	2	8	6	3	4	5	7	1
6	5	3	4	1	7	8	2	9	3	4	1	5	7	6	9	1	2	8	3	4
4	1	9	2	3	8	7	6	5	8	9	2	3	1	4	5	8	7	6	9	2
7	8	6	5	2	1	3	9	4				7	6	5	4	9	3	2	1	8
5	9	1	3	7	4	6	8	2				2	8	3	7	6	1	9	4	5
2	3	4	9	8	6	5	7	1				1	4	9	8	2	5	3	6	7
3	2	8	7	4	9	1	5	6	9	4	2	8	3	7	1	5	9	4	2	6
1	4	5	8	6	2	9	3	7	6	8	1	4	5	2	3	7	6	1	8	9
9	6	7	1	5	3	2	4	8	3	5	7	6	9	1	2	4	8	7	5	3
						4	8	9	2	1	3	5	7	6						
						5	7	3	8	6	9	2	1	4						
						6	1	2	4	7	5	9	8	3						
						3	6	5	7	9	4	1	2	8						
						7	9	4	1	2	8	3	6	5						
						8	2	1	5	3	6	7	4	9						

32

						8	4	3	6	5	2	9	7	1						
						2	5	9	4	7	1	6	3	8						
						1	7	6	3	8	9	4	5	2						
						9	1	5	7	3	8	2	4	6						
						7	8	2	9	4	6	5	1	3						
						6	3	4	2	1	5	8	9	7						
5	7	3	2	8	9	4	6	1	5	2	7	3	8	9	2	1	5	7	4	6
2	8	4	1	3	6	5	9	7	8	6	3	1	2	4	7	6	9	5	3	8
9	1	6	5	7	4	3	2	8	1	9	4	7	6	5	3	4	8	1	9	2
4	9	2	3	1	8	7	5	6				5	1	2	6	3	4	9	8	7
6	5	8	7	4	2	9	1	3				9	7	6	1	8	2	4	5	3
1	3	7	6	9	5	2	8	4				8	4	3	9	5	7	2	6	1
8	6	9	4	2	3	1	7	5	3	2	4	6	9	8	5	7	1	3	2	4
3	2	1	8	5	7	6	4	9	1	8	5	2	3	7	4	9	6	8	1	5
7	4	5	9	6	1	8	3	2	6	9	7	4	5	1	8	2	3	6	7	9
						3	5	8	4	1	6	9	7	2						
						4	1	6	2	7	9	3	8	5						
						2	9	7	8	5	3	1	6	4						
						7	6	3	5	4	1	8	2	9						
						9	8	1	7	3	2	5	4	6						
						5	2	4	9	6	8	7	1	3						

33

						8	2	1	6	4	7	3	5	9						
						3	4	6	5	9	8	2	1	7						
						9	7	5	1	3	2	4	6	8						
						2	1	9	7	6	3	5	8	4						
						4	8	3	2	5	9	6	7	1						
						6	5	7	4	8	1	9	3	2						
6	5	2	1	3	4	7	9	8	3	2	6	1	4	5	7	9	3	6	8	2
7	9	3	8	2	5	1	6	4	9	7	5	8	2	3	5	4	6	7	9	1
8	4	1	9	7	6	5	3	2	8	1	4	7	9	6	8	2	1	3	4	5
4	1	7	2	6	8	9	5	3				6	5	7	2	1	8	4	3	9
9	3	6	5	4	7	2	8	1				9	3	8	6	5	4	1	2	7
5	2	8	3	9	1	4	7	6				2	1	4	9	3	7	5	6	8
1	7	5	6	8	2	3	4	9	8	6	1	5	7	2	3	6	9	8	1	4
2	6	9	4	5	3	8	1	7	2	3	5	4	6	9	1	8	5	2	7	3
3	8	4	7	1	9	6	2	5	7	9	4	3	8	1	4	7	2	9	5	6
						4	8	6	5	1	7	2	9	3						
						5	3	2	6	4	9	8	1	7						
						7	9	1	3	8	2	6	5	4						
						1	6	8	9	2	3	7	4	5						
						2	5	4	1	7	8	9	3	6						
						9	7	3	4	5	6	1	2	8						

34

						1	4	6	7	2	5	8	3	9						
						2	8	9	4	3	6	1	5	7						
						7	5	3	1	8	9	2	4	6						
						4	9	1	5	7	3	6	2	8						
						3	6	2	8	9	1	5	7	4						
						8	7	5	6	4	2	3	9	1						
4	6	1	5	7	2	9	3	8	2	1	4	7	6	5	8	3	1	2	4	9
2	9	7	8	6	3	5	1	4	3	6	7	9	8	2	6	4	5	3	7	1
8	3	5	1	4	9	6	2	7	9	5	8	4	1	3	2	7	9	5	6	8
6	2	9	4	3	1	7	8	5				5	2	1	4	9	7	8	3	6
5	1	4	7	9	8	2	6	3				8	7	6	1	2	3	4	9	5
7	8	3	6	2	5	1	4	9				3	9	4	5	6	8	1	2	7
1	4	6	9	8	7	3	5	2	6	9	8	1	4	7	3	5	6	9	8	2
9	5	2	3	1	4	8	7	6	4	3	1	2	5	9	7	8	4	6	1	3
3	7	8	2	5	6	4	9	1	7	5	2	6	3	8	9	1	2	7	5	4
						1	4	5	9	7	6	3	8	2						
						9	2	8	5	1	3	7	6	4						
						6	3	7	8	2	4	9	1	5						
						2	6	9	1	8	5	4	7	3						
						5	1	3	2	4	7	8	9	6						
						7	8	4	3	6	9	5	2	1						

35

						6	8	1	7	9	3	2	4	5						
						4	7	2	8	1	5	6	9	3						
						3	5	9	2	4	6	1	7	8						
						5	3	4	9	7	2	8	1	6						
						1	2	8	6	3	4	9	5	7						
						9	6	7	1	5	8	3	2	4						
7	3	6	8	1	4	2	9	5	3	8	7	4	6	1	2	7	3	8	5	9
5	8	4	2	6	9	7	1	3	4	6	9	5	8	2	9	1	6	3	7	4
9	1	2	5	3	7	8	4	6	5	2	1	7	3	9	8	4	5	6	1	2
1	2	7	4	5	8	3	6	9				8	1	7	5	6	2	4	9	3
6	4	9	3	7	2	5	8	1				9	2	5	4	3	7	1	8	6
3	5	8	1	9	6	4	2	7				6	4	3	1	8	9	7	2	5
2	7	5	9	8	1	6	3	4	7	2	9	1	5	8	6	2	4	9	3	7
8	9	3	6	4	5	1	7	2	5	8	6	3	9	4	7	5	8	2	6	1
4	6	1	7	2	3	9	5	8	1	3	4	2	7	6	3	9	1	5	4	8
						2	4	9	3	6	5	7	8	1						
						7	8	5	9	1	2	4	6	3						
						3	6	1	4	7	8	9	2	5						
						4	2	7	8	5	3	6	1	9						
						5	9	6	2	4	1	8	3	7						
						8	1	3	6	9	7	5	4	2						

36

						1	3	6	8	7	4	5	2	9						
						5	7	9	3	1	2	6	8	4						
						2	4	8	5	9	6	3	7	1						
						6	5	4	7	8	3	9	1	2						
						7	2	3	9	4	1	8	6	5						
						9	8	1	6	2	5	7	4	3						
1	5	2	3	8	9	4	6	7	1	3	9	2	5	8	6	1	4	3	7	9
4	3	7	5	1	6	8	9	2	4	5	7	1	3	6	2	7	9	4	8	5
9	8	6	2	4	7	3	1	5	2	6	8	4	9	7	8	3	5	1	2	6
3	2	1	7	6	4	5	8	9				5	2	3	4	9	7	6	1	8
6	4	9	8	5	1	7	2	3				9	8	1	3	6	2	5	4	7
8	7	5	9	3	2	1	4	6				7	6	4	5	8	1	2	9	3
7	9	3	4	2	8	6	5	1	9	3	4	8	7	2	1	5	3	9	6	4
5	6	4	1	9	3	2	7	8	6	5	1	3	4	9	7	2	6	8	5	1
2	1	8	6	7	5	9	3	4	2	8	7	6	1	5	9	4	8	7	3	2
						5	9	3	1	7	2	4	6	8						
						4	8	2	3	9	6	1	5	7						
						1	6	7	5	4	8	9	2	3						
						3	4	9	7	6	5	2	8	1						
						8	2	5	4	1	3	7	9	6						
						7	1	6	8	2	9	5	3	4						

37

						6	9	2	5	4	8	7	3	1						
						3	7	5	2	6	1	9	4	8						
						1	4	8	7	3	9	6	2	5						
						9	2	6	1	8	3	4	5	7						
						5	3	1	4	7	6	8	9	2						
						4	8	7	9	5	2	3	1	6						
2	8	5	9	3	6	7	1	4	6	9	5	2	8	3	4	6	5	1	9	7
1	4	9	8	7	5	2	6	3	8	1	4	5	7	9	8	1	3	2	4	6
7	3	6	1	2	4	8	5	9	3	2	7	1	6	4	9	2	7	8	3	5
3	5	7	2	4	1	6	9	8				8	9	6	2	3	4	5	7	1
8	6	4	5	9	3	1	7	2				4	5	1	7	8	6	9	2	3
9	1	2	6	8	7	4	3	5				7	3	2	5	9	1	4	6	8
5	7	3	4	6	8	9	2	1	8	7	3	6	4	5	1	7	9	3	8	2
4	9	1	7	5	2	3	8	6	1	4	5	9	2	7	3	5	8	6	1	4
6	2	8	3	1	9	5	4	7	6	9	2	3	1	8	6	4	2	7	5	9
						6	1	2	3	8	7	5	9	4						
						8	9	3	5	1	4	2	7	6						
						7	5	4	9	2	6	8	3	1						
						2	6	9	7	5	1	4	8	3						
						4	7	5	2	3	8	1	6	9						
						1	3	8	4	6	9	7	5	2						

38

						8	3	6	1	7	4	9	2	5						
						7	2	1	8	5	9	3	4	6						
						4	5	9	2	6	3	8	7	1						
						1	9	5	4	3	2	6	8	7						
						3	7	4	6	1	8	5	9	2						
						2	6	8	5	9	7	1	3	4						
3	1	9	8	7	5	6	4	2	9	8	1	7	5	3	8	2	1	9	4	6
5	8	6	3	2	4	9	1	7	3	2	5	4	6	8	3	9	5	1	7	2
7	2	4	1	9	6	5	8	3	7	4	6	2	1	9	6	4	7	8	5	3
4	3	2	7	5	9	8	6	1				3	8	6	9	7	2	4	1	5
6	9	1	4	8	2	3	7	5				9	2	1	4	5	3	7	6	8
8	5	7	6	3	1	4	2	9				5	4	7	1	8	6	2	3	9
2	4	8	9	1	3	7	5	6	2	9	1	8	3	4	7	6	9	5	2	1
1	7	3	5	6	8	2	9	4	3	8	6	1	7	5	2	3	8	6	9	4
9	6	5	2	4	7	1	3	8	7	5	4	6	9	2	5	1	4	3	8	7
						3	2	1	5	4	8	7	6	9						
						8	7	9	6	2	3	5	4	1						
						6	4	5	1	7	9	2	8	3						
						9	1	7	4	6	2	3	5	8						
						5	8	2	9	3	7	4	1	6						
						4	6	3	8	1	5	9	2	7						

39

						2	5	1	7	6	8	4	9	3						
						8	4	7	3	9	1	6	2	5						
						6	9	3	4	2	5	7	8	1						
						3	2	8	9	5	7	1	4	6						
						5	7	6	1	4	2	9	3	8						
						9	1	4	8	3	6	5	7	2						
5	9	8	4	6	1	7	3	2	6	1	4	8	5	9	2	6	7	4	3	1
4	7	6	3	2	9	1	8	5	2	7	9	3	6	4	9	8	1	5	2	7
3	2	1	5	8	7	4	6	9	5	8	3	2	1	7	4	3	5	8	6	9
1	5	7	2	3	6	9	4	8				4	3	2	5	9	8	7	1	6
2	3	4	7	9	8	6	5	1				5	7	8	3	1	6	9	4	2
8	6	9	1	5	4	3	2	7				6	9	1	7	2	4	3	5	8
9	8	5	6	7	3	2	1	4	6	3	7	9	8	5	6	4	2	1	7	3
6	4	2	9	1	5	8	7	3	2	9	5	1	4	6	8	7	3	2	9	5
7	1	3	8	4	2	5	9	6	8	4	1	7	2	3	1	5	9	6	8	4
						9	5	2	7	8	6	3	1	4						
						6	3	8	1	5	4	2	9	7						
						7	4	1	3	2	9	5	6	8						
						1	6	9	4	7	3	8	5	2						
						4	2	7	5	1	8	6	3	9						
						3	8	5	9	6	2	4	7	1						

40

						8	3	5	2	9	6	1	4	7						
						7	9	1	3	8	4	6	5	2						
						6	2	4	7	5	1	9	3	8						
						1	8	3	6	7	5	4	2	9						
						5	4	7	9	2	8	3	1	6						
						9	6	2	4	1	3	7	8	5						
6	1	2	5	9	3	4	7	8	5	3	9	2	6	1	7	8	5	3	9	4
4	8	7	6	2	1	3	5	9	1	6	2	8	7	4	3	9	1	2	5	6
5	9	3	8	4	7	2	1	6	8	4	7	5	9	3	2	4	6	7	1	8
8	4	6	1	7	5	9	3	2				9	2	7	6	5	3	4	8	1
3	7	9	2	8	6	5	4	1				1	5	6	8	2	4	9	7	3
2	5	1	9	3	4	6	8	7				3	4	8	9	1	7	6	2	5
1	2	5	3	6	8	7	9	4	8	5	1	6	3	2	1	7	8	5	4	9
9	3	4	7	1	2	8	6	5	7	3	2	4	1	9	5	3	2	8	6	7
7	6	8	4	5	9	1	2	3	9	4	6	7	8	5	4	6	9	1	3	2
						4	8	1	2	6	5	3	9	7						
						6	7	9	4	8	3	2	5	1						
						3	5	2	1	7	9	8	6	4						
						5	4	8	3	1	7	9	2	6						
						2	1	7	6	9	8	5	4	3						
						9	3	6	5	2	4	1	7	8						

41

						9	2	7	5	3	8	4	6	1						
						6	4	8	2	1	9	3	7	5						
						3	5	1	6	7	4	2	8	9						
						2	9	3	8	5	7	1	4	6						
						1	8	6	9	4	3	5	2	7						
						5	7	4	1	2	6	9	3	8						
4	7	9	5	1	3	8	6	2	3	9	1	7	5	4	8	2	3	1	9	6
1	5	2	6	4	8	7	3	9	4	8	5	6	1	2	4	7	9	8	5	3
3	8	6	9	7	2	4	1	5	7	6	2	8	9	3	5	6	1	7	2	4
2	1	7	3	8	4	9	5	6				1	2	6	9	8	7	3	4	5
8	6	4	1	5	9	2	7	3				4	7	8	6	3	5	2	1	9
5	9	3	2	6	7	1	8	4				5	3	9	1	4	2	6	8	7
9	2	1	8	3	6	5	4	7	8	9	3	2	6	1	7	9	4	5	3	8
7	3	5	4	2	1	6	9	8	2	1	5	3	4	7	2	5	8	9	6	1
6	4	8	7	9	5	3	2	1	4	6	7	9	8	5	3	1	6	4	7	2
						8	1	3	5	7	6	4	9	2						
						4	6	5	1	2	9	7	3	8						
						9	7	2	3	8	4	5	1	6						
						2	3	4	6	5	8	1	7	9						
						1	8	9	7	4	2	6	5	3						
						7	5	6	9	3	1	8	2	4						

42

						6	2	3	7	9	8	1	4	5						
						9	1	5	4	6	3	8	2	7						
						7	8	4	1	2	5	3	9	6						
						8	9	6	2	5	4	7	3	1						
						5	7	2	3	1	6	4	8	9						
						3	4	1	8	7	9	5	6	2						
9	7	1	5	3	4	2	6	8	5	4	1	9	7	3	6	4	2	1	5	8
3	2	6	9	1	8	4	5	7	9	3	2	6	1	8	5	7	9	3	2	4
8	5	4	6	2	7	1	3	9	6	8	7	2	5	4	1	3	8	7	9	6
4	3	8	1	7	6	5	9	2				5	3	2	7	6	1	4	8	9
2	6	5	4	9	3	8	7	1				4	9	1	2	8	5	6	7	3
1	9	7	2	8	5	6	4	3				8	6	7	3	9	4	5	1	2
6	8	2	7	5	9	3	1	4	2	6	5	7	8	9	4	5	3	2	6	1
7	4	3	8	6	1	9	2	5	3	8	7	1	4	6	8	2	7	9	3	5
5	1	9	3	4	2	7	8	6	4	1	9	3	2	5	9	1	6	8	4	7
						2	5	7	1	4	8	9	6	3						
						8	9	3	7	5	6	2	1	4						
						4	6	1	9	3	2	5	7	8						
						5	4	2	6	7	3	8	9	1						
						1	7	8	5	9	4	6	3	2						
						6	3	9	8	2	1	4	5	7						

43

						1	7	8	6	5	4	9	3	2						
						3	6	4	9	2	7	1	8	5						
						5	2	9	8	3	1	4	7	6						
						7	8	1	4	9	6	2	5	3						
						9	4	3	2	8	5	6	1	7						
						2	5	6	1	7	3	8	9	4						
5	4	3	9	8	2	6	1	7	3	4	8	5	2	9	3	4	6	8	7	1
6	8	9	7	5	1	4	3	2	5	1	9	7	6	8	2	1	9	3	5	4
2	7	1	4	3	6	8	9	5	7	6	2	3	4	1	7	8	5	2	6	9
1	5	6	3	9	4	2	7	8				2	9	5	8	6	1	7	4	3
3	2	4	1	7	8	9	5	6				6	7	3	5	2	4	9	1	8
7	9	8	2	6	5	3	4	1				8	1	4	9	7	3	5	2	6
8	1	5	6	4	9	7	2	3	8	1	4	9	5	6	4	3	2	1	8	7
9	3	2	8	1	7	5	6	4	7	3	9	1	8	2	6	9	7	4	3	5
4	6	7	5	2	3	1	8	9	5	6	2	4	3	7	1	5	8	6	9	2
						8	7	2	9	4	6	5	1	3						
						4	1	5	3	2	8	7	6	9						
						3	9	6	1	7	5	8	2	4						
						2	4	8	6	5	7	3	9	1						
						9	3	7	2	8	1	6	4	5						
						6	5	1	4	9	3	2	7	8						

44

						6	5	7	2	3	4	8	1	9						
						9	8	2	1	5	6	4	3	7						
						1	4	3	7	8	9	2	5	6						
						4	9	1	3	7	5	6	2	8						
						7	6	5	9	2	8	3	4	1						
						2	3	8	4	6	1	7	9	5						
4	8	1	2	5	6	3	7	9	6	1	2	5	8	4	6	2	7	3	1	9
5	7	6	3	1	9	8	2	4	5	9	7	1	6	3	4	8	9	2	5	7
2	9	3	8	7	4	5	1	6	8	4	3	9	7	2	3	1	5	6	4	8
1	5	9	4	2	7	6	8	3				6	4	1	8	7	3	5	9	2
6	3	4	1	9	8	7	5	2				2	3	7	5	9	1	8	6	4
7	2	8	5	6	3	4	9	1				8	9	5	2	6	4	1	7	3
9	6	2	7	3	5	1	4	8	3	9	5	7	2	6	9	5	8	4	3	1
8	1	7	6	4	2	9	3	5	2	7	6	4	1	8	7	3	6	9	2	5
3	4	5	9	8	1	2	6	7	1	4	8	3	5	9	1	4	2	7	8	6
						3	1	4	9	8	2	5	6	7						
						7	8	9	5	6	1	2	3	4						
						5	2	6	7	3	4	9	8	1						
						8	7	3	6	5	9	1	4	2						
						4	9	1	8	2	3	6	7	5						
						6	5	2	4	1	7	8	9	3						

45

						8	7	6	3	1	4	5	2	9						
						5	3	4	2	9	8	6	7	1						
						1	9	2	6	5	7	4	3	8						
						2	8	5	4	3	6	1	9	7						
						4	1	7	9	8	2	3	6	5						
						9	6	3	5	7	1	2	8	4						
8	9	2	7	6	5	3	4	1	8	2	9	7	5	6	8	9	1	4	3	2
1	7	5	3	8	4	6	2	9	7	4	5	8	1	3	4	2	7	6	9	5
6	3	4	1	9	2	7	5	8	1	6	3	9	4	2	6	5	3	7	1	8
5	1	8	2	3	6	4	9	7				3	8	4	7	6	5	9	2	1
3	4	6	9	7	8	2	1	5				6	9	5	3	1	2	8	4	7
9	2	7	5	4	1	8	6	3				2	7	1	9	8	4	5	6	3
4	6	1	8	5	3	9	7	2	6	4	1	5	3	8	2	4	6	1	7	9
7	5	3	4	2	9	1	8	6	5	3	7	4	2	9	1	7	8	3	5	6
2	8	9	6	1	7	5	3	4	9	2	8	1	6	7	5	3	9	2	8	4
						6	4	9	1	5	3	8	7	2						
						7	2	5	4	8	9	6	1	3						
						3	1	8	7	6	2	9	4	5						
						4	6	3	8	7	5	2	9	1						
						8	9	7	2	1	6	3	5	4						
						2	5	1	3	9	4	7	8	6						

46

						4	2	8	7	1	3	5	9	6						
						6	7	3	9	5	4	8	2	1						
						9	5	1	2	6	8	4	7	3						
						7	8	6	3	4	9	1	5	2						
						1	3	9	5	8	2	7	6	4						
						5	4	2	1	7	6	3	8	9						
7	4	8	9	2	6	3	1	5	6	2	7	9	4	8	2	7	1	6	3	5
2	1	9	3	4	5	8	6	7	4	9	1	2	3	5	6	8	4	9	7	1
5	6	3	1	8	7	2	9	4	8	3	5	6	1	7	9	3	5	2	4	8
4	8	5	6	7	9	1	2	3				3	8	2	5	4	7	1	6	9
3	9	6	2	1	4	5	7	8				4	6	1	3	2	9	8	5	7
1	2	7	5	3	8	9	4	6				7	5	9	8	1	6	3	2	4
9	7	4	8	5	1	6	3	2	1	7	5	8	9	4	7	6	2	5	1	3
8	3	1	4	6	2	7	5	9	8	6	4	1	2	3	4	5	8	7	9	6
6	5	2	7	9	3	4	8	1	9	3	2	5	7	6	1	9	3	4	8	2
						1	6	5	7	8	3	9	4	2						
						9	7	8	2	4	1	6	3	5						
						3	2	4	6	5	9	7	1	8						
						8	1	3	4	9	6	2	5	7						
						5	9	7	3	2	8	4	6	1						
						2	4	6	5	1	7	3	8	9						

47

						3	4	8	7	1	2	9	6	5						
						2	6	9	4	5	3	1	7	8						
						5	7	1	9	8	6	4	3	2						
						7	5	6	3	4	9	2	8	1						
						9	1	4	8	2	7	6	5	3						
						8	2	3	5	6	1	7	4	9						
5	2	9	1	4	8	6	3	7	2	9	8	5	1	4	9	6	3	2	7	8
8	4	3	7	6	2	1	9	5	6	3	4	8	2	7	1	4	5	9	3	6
6	1	7	5	9	3	4	8	2	1	7	5	3	9	6	7	2	8	1	5	4
1	8	6	2	3	7	5	4	9				6	5	8	4	1	2	7	9	3
4	9	2	6	8	5	3	7	1				9	3	1	5	8	7	6	4	2
3	7	5	4	1	9	8	2	6				4	7	2	3	9	6	8	1	5
2	3	4	9	5	6	7	1	8	6	5	3	2	4	9	8	3	1	5	6	7
7	6	8	3	2	1	9	5	4	1	8	2	7	6	3	2	5	9	4	8	1
9	5	1	8	7	4	2	6	3	7	4	9	1	8	5	6	7	4	3	2	9
						6	3	9	2	7	1	8	5	4						
						5	8	7	3	9	4	6	1	2						
						1	4	2	5	6	8	3	9	7						
						3	7	6	4	1	5	9	2	8						
						8	2	5	9	3	6	4	7	1						
						4	9	1	8	2	7	5	3	6						

48

						1	4	6	9	3	2	5	7	8						
						3	7	8	4	6	5	9	2	1						
						2	5	9	7	8	1	6	4	3						
						6	1	2	8	9	3	7	5	4						
						9	3	4	5	2	7	8	1	6						
						5	8	7	1	4	6	3	9	2						
9	6	1	8	4	3	7	2	5	3	1	8	4	6	9	1	8	3	2	7	5
8	7	5	2	9	1	4	6	3	2	5	9	1	8	7	9	2	5	3	6	4
4	2	3	5	7	6	8	9	1	6	7	4	2	3	5	7	4	6	1	9	8
3	9	4	6	5	2	1	8	7				8	1	2	5	6	7	9	4	3
1	5	7	4	8	9	6	3	2				7	9	3	8	1	4	5	2	6
6	8	2	1	3	7	9	5	4				6	5	4	2	3	9	7	8	1
2	1	9	3	6	4	5	7	8	3	4	1	9	2	6	4	5	1	8	3	7
5	4	6	7	2	8	3	1	9	6	2	7	5	4	8	3	7	2	6	1	9
7	3	8	9	1	5	2	4	6	9	5	8	3	7	1	6	9	8	4	5	2
						9	8	3	5	1	4	2	6	7						
						4	6	2	8	7	3	1	5	9						
						1	5	7	2	9	6	8	3	4						
						8	9	4	7	3	2	6	1	5						
						6	3	1	4	8	5	7	9	2						
						7	2	5	1	6	9	4	8	3						

49

						7	4	2	1	6	3	5	8	9						
						5	1	3	7	9	8	2	6	4						
						9	6	8	2	4	5	7	1	3						
						3	5	1	6	2	9	8	4	7						
						6	8	4	5	7	1	3	9	2						
						2	9	7	8	3	4	6	5	1						
1	4	2	6	9	7	8	3	5	9	1	2	4	7	6	5	2	8	9	1	3
9	3	7	4	5	8	1	2	6	4	8	7	9	3	5	6	1	4	2	8	7
8	6	5	3	2	1	4	7	9	3	5	6	1	2	8	7	9	3	4	5	6
4	9	1	8	7	6	3	5	2				7	6	9	4	8	1	5	3	2
2	7	6	5	4	3	9	1	8				5	8	4	3	6	2	7	9	1
5	8	3	2	1	9	7	6	4				2	1	3	9	5	7	8	6	4
7	1	4	9	6	2	5	8	3	1	2	4	6	9	7	1	4	5	3	2	8
6	5	8	1	3	4	2	9	7	3	5	6	8	4	1	2	3	9	6	7	5
3	2	9	7	8	5	6	4	1	8	9	7	3	5	2	8	7	6	1	4	9
						1	5	6	2	7	3	4	8	9						
						3	2	8	9	4	5	1	7	6						
						9	7	4	6	1	8	2	3	5						
						8	3	9	5	6	1	7	2	4						
						4	1	5	7	8	2	9	6	3						
						7	6	2	4	3	9	5	1	8						

50

						3	7	9	1	2	4	6	8	5						
						4	8	2	9	6	5	3	1	7						
						5	1	6	8	3	7	2	9	4						
						9	4	3	6	5	8	1	7	2						
						7	6	5	2	1	9	4	3	8						
						8	2	1	7	4	3	9	5	6						
8	7	3	6	5	2	1	9	4	5	8	6	7	2	3	9	4	5	6	1	8
9	2	1	4	3	8	6	5	7	3	9	2	8	4	1	6	3	2	5	7	9
4	5	6	1	7	9	2	3	8	4	7	1	5	6	9	8	7	1	4	2	3
5	8	4	3	6	1	7	2	9				9	3	4	7	1	6	8	5	2
7	3	9	2	8	5	4	1	6				6	5	8	3	2	9	1	4	7
1	6	2	9	4	7	3	8	5				1	7	2	4	5	8	3	9	6
6	1	8	7	9	3	5	4	2	7	8	9	3	1	6	2	9	4	7	8	5
3	9	7	5	2	4	8	6	1	3	2	5	4	9	7	5	8	3	2	6	1
2	4	5	8	1	6	9	7	3	6	1	4	2	8	5	1	6	7	9	3	4
						7	2	8	9	5	6	1	3	4						
						3	1	6	4	7	8	9	5	2						
						4	5	9	2	3	1	7	6	8						
						2	8	7	5	9	3	6	4	1						
						1	3	4	8	6	7	5	2	9						
						6	9	5	1	4	2	8	7	3						

51

						1	4	3	5	9	2	7	8	6						
						9	6	8	1	7	3	4	5	2						
						2	5	7	6	4	8	9	1	3						
						5	9	4	8	6	1	2	3	7						
						3	1	6	7	2	9	5	4	8						
						8	7	2	4	3	5	1	6	9						
5	7	9	3	8	6	4	2	1	3	8	7	6	9	5	2	7	4	1	8	3
2	4	3	7	1	5	6	8	9	2	5	4	3	7	1	8	9	5	2	6	4
1	8	6	4	9	2	7	3	5	9	1	6	8	2	4	6	1	3	7	9	5
6	9	8	1	3	4	5	7	2				9	1	6	7	4	2	5	3	8
7	5	4	2	6	9	3	1	8				4	8	2	3	5	9	6	7	1
3	2	1	8	5	7	9	6	4				7	5	3	1	6	8	4	2	9
8	1	5	6	4	3	2	9	7	1	4	3	5	6	8	9	2	1	3	4	7
9	3	7	5	2	1	8	4	6	5	2	9	1	3	7	4	8	6	9	5	2
4	6	2	9	7	8	1	5	3	7	6	8	2	4	9	5	3	7	8	1	6
						5	1	9	3	7	4	6	8	2						
						7	2	4	6	8	5	9	1	3						
						6	3	8	2	9	1	7	5	4						
						9	6	1	8	3	2	4	7	5						
						4	8	5	9	1	7	3	2	6						
						3	7	2	4	5	6	8	9	1						

52

						7	2	5	3	6	4	1	9	8						
						6	4	8	1	9	2	7	3	5						
						1	3	9	5	8	7	6	2	4						
						3	8	4	9	7	5	2	1	6						
						2	5	7	8	1	6	3	4	9						
						9	1	6	2	4	3	5	8	7						
7	1	8	5	9	2	4	6	3	7	2	9	8	5	1	4	3	9	2	6	7
3	9	2	8	6	4	5	7	1	4	3	8	9	6	2	1	5	7	8	3	4
6	5	4	3	7	1	8	9	2	6	5	1	4	7	3	2	6	8	1	9	5
1	4	7	9	2	5	3	8	6				1	9	6	5	7	2	3	4	8
2	6	5	4	3	8	9	1	7				3	4	5	6	8	1	9	7	2
9	8	3	6	1	7	2	4	5				2	8	7	3	9	4	6	5	1
4	7	9	1	5	3	6	2	8	7	4	3	5	1	9	7	2	3	4	8	6
5	2	6	7	8	9	1	3	4	6	5	9	7	2	8	9	4	6	5	1	3
8	3	1	2	4	6	7	5	9	2	8	1	6	3	4	8	1	5	7	2	9
						5	4	6	1	3	7	8	9	2						
						3	9	7	8	2	6	4	5	1						
						2	8	1	5	9	4	3	7	6						
						9	6	5	4	7	2	1	8	3						
						4	7	3	9	1	8	2	6	5						
						8	1	2	3	6	5	9	4	7						

53

						7	6	4	2	3	9	5	8	1						
						9	3	8	5	1	4	2	6	7						
						2	1	5	8	6	7	3	4	9						
						4	7	6	3	9	5	1	2	8						
						5	8	9	1	7	2	6	3	4						
						3	2	1	4	8	6	7	9	5						
5	1	2	9	3	8	6	4	7	9	5	3	8	1	2	5	9	7	4	3	6
3	9	4	7	6	1	8	5	2	6	4	1	9	7	3	4	8	6	5	2	1
6	7	8	4	5	2	1	9	3	7	2	8	4	5	6	3	2	1	9	7	8
1	2	3	5	9	4	7	8	6				5	8	4	6	7	2	3	1	9
7	4	6	8	2	3	9	1	5				1	2	7	9	4	3	6	8	5
9	8	5	6	1	7	2	3	4				6	3	9	1	5	8	7	4	2
2	3	9	1	7	5	4	6	8	3	1	2	7	9	5	8	1	4	2	6	3
8	6	7	3	4	9	5	2	1	7	6	9	3	4	8	2	6	5	1	9	7
4	5	1	2	8	6	3	7	9	4	8	5	2	6	1	7	3	9	8	5	4
						9	1	3	6	5	4	8	7	2						
						7	8	6	1	2	3	4	5	9						
						2	5	4	9	7	8	6	1	3						
						6	9	7	8	3	1	5	2	4						
						1	3	2	5	4	7	9	8	6						
						8	4	5	2	9	6	1	3	7						

54

						9	7	5	2	4	1	3	6	8						
						1	6	4	3	8	9	5	7	2						
						2	8	3	6	7	5	4	9	1						
						3	1	7	5	9	6	8	2	4						
						8	5	9	1	2	4	7	3	6						
						4	2	6	8	3	7	1	5	9						
6	3	8	5	2	4	7	9	1	4	6	3	2	8	5	1	3	7	9	6	4
5	9	2	7	3	1	6	4	8	7	5	2	9	1	3	6	8	4	5	7	2
4	1	7	8	9	6	5	3	2	9	1	8	6	4	7	2	5	9	8	3	1
8	5	1	2	6	9	4	7	3				1	2	9	8	7	6	3	4	5
3	6	9	1	4	7	2	8	5				3	5	6	9	4	1	2	8	7
2	7	4	3	8	5	1	6	9				8	7	4	3	2	5	1	9	6
7	4	3	9	5	2	8	1	6	4	3	5	7	9	2	4	1	3	6	5	8
9	2	6	4	1	8	3	5	7	9	8	2	4	6	1	5	9	8	7	2	3
1	8	5	6	7	3	9	2	4	7	6	1	5	3	8	7	6	2	4	1	9
						6	9	5	1	7	4	8	2	3						
						4	3	1	8	2	6	9	7	5						
						7	8	2	3	5	9	1	4	6						
						5	6	9	2	1	7	3	8	4						
						2	4	3	5	9	8	6	1	7						
						1	7	8	6	4	3	2	5	9						

55

						7	1	5	6	2	3	8	9	4						
						8	9	3	7	4	1	6	5	2						
						6	4	2	8	5	9	3	7	1						
						1	3	8	5	9	2	7	4	6						
						9	7	6	4	1	8	2	3	5						
						2	5	4	3	6	7	1	8	9						
6	4	3	1	8	9	5	2	7	1	3	4	9	6	8	1	5	3	4	7	2
2	5	1	3	7	6	4	8	9	2	7	6	5	1	3	4	7	2	9	8	6
8	9	7	4	5	2	3	6	1	9	8	5	4	2	7	6	9	8	3	5	1
5	2	6	7	1	4	8	9	3				6	8	9	2	3	4	5	1	7
7	1	8	9	6	3	2	5	4				1	4	5	7	6	9	8	2	3
4	3	9	8	2	5	1	7	6				7	3	2	8	1	5	6	9	4
3	8	2	6	4	7	9	1	5	8	2	6	3	7	4	9	8	1	2	6	5
1	6	4	5	9	8	7	3	2	1	4	9	8	5	6	3	2	7	1	4	9
9	7	5	2	3	1	6	4	8	5	3	7	2	9	1	5	4	6	7	3	8
						8	2	7	9	6	3	4	1	5						
						3	5	4	7	1	2	9	6	8						
						1	6	9	4	8	5	7	3	2						
						5	8	3	2	7	1	6	4	9						
						4	7	1	6	9	8	5	2	3						
						2	9	6	3	5	4	1	8	7						

56

						3	6	9	4	8	1	2	7	5						
						7	4	8	2	5	9	1	3	6						
						1	5	2	3	6	7	8	4	9						
						9	8	6	5	2	3	4	1	7						
						4	2	7	1	9	6	5	8	3						
						5	1	3	7	4	8	6	9	2						
1	9	8	4	7	6	2	3	5	9	1	4	7	6	8	5	3	4	1	2	9
2	4	7	3	5	8	6	9	1	8	7	5	3	2	4	1	9	7	5	6	8
5	6	3	2	9	1	8	7	4	6	3	2	9	5	1	6	8	2	7	3	4
6	8	5	9	1	3	7	4	2				5	9	2	3	6	1	8	4	7
4	7	1	5	6	2	3	8	9				1	3	6	7	4	8	2	9	5
9	3	2	8	4	7	1	5	6				4	8	7	9	2	5	3	1	6
3	5	6	1	8	9	4	2	7	5	6	9	8	1	3	4	7	9	6	5	2
7	2	9	6	3	4	5	1	8	4	2	3	6	7	9	2	5	3	4	8	1
8	1	4	7	2	5	9	6	3	7	8	1	2	4	5	8	1	6	9	7	3
						7	4	6	1	5	2	3	9	8						
						2	5	9	8	3	7	1	6	4						
						8	3	1	6	9	4	7	5	2						
						6	9	5	3	1	8	4	2	7						
						3	7	2	9	4	6	5	8	1						
						1	8	4	2	7	5	9	3	6						

57

						8	6	3	9	5	1	7	4	2						
						4	9	1	7	2	3	5	8	6						
						5	2	7	8	4	6	9	3	1						
						9	3	6	5	1	4	2	7	8						
						2	8	4	6	3	7	1	5	9						
						7	1	5	2	9	8	4	6	3						
6	3	9	5	7	2	1	4	8	3	7	2	6	9	5	3	1	8	7	2	4
7	4	1	3	8	9	6	5	2	4	8	9	3	1	7	4	2	5	8	6	9
2	5	8	1	6	4	3	7	9	1	6	5	8	2	4	6	9	7	3	5	1
8	6	2	9	4	3	5	1	7				2	8	1	7	4	9	6	3	5
1	7	4	2	5	8	9	3	6				9	7	3	1	5	6	4	8	2
5	9	3	7	1	6	8	2	4				5	4	6	2	8	3	1	9	7
4	1	6	8	2	5	7	9	3	8	4	6	1	5	2	8	6	4	9	7	3
3	8	7	4	9	1	2	6	5	1	9	7	4	3	8	9	7	2	5	1	6
9	2	5	6	3	7	4	8	1	3	5	2	7	6	9	5	3	1	2	4	8
						3	5	6	7	1	9	8	2	4						
						8	7	9	2	3	4	5	1	6						
						1	2	4	6	8	5	9	7	3						
						5	1	8	4	6	3	2	9	7						
						9	3	2	5	7	8	6	4	1						
						6	4	7	9	2	1	3	8	5						

58

						8	5	7	1	3	2	4	9	6						
						3	4	9	6	5	7	8	2	1						
						2	1	6	9	8	4	5	7	3						
						7	8	5	4	2	3	1	6	9						
						1	3	4	7	6	9	2	5	8						
						9	6	2	5	1	8	7	3	4						
4	2	6	8	7	3	5	9	1	2	4	6	3	8	7	2	4	1	9	5	6
9	3	7	1	5	4	6	2	8	3	7	1	9	4	5	8	6	3	1	2	7
1	5	8	6	2	9	4	7	3	8	9	5	6	1	2	5	7	9	8	4	3
8	9	5	7	3	1	2	6	4				7	5	9	4	1	6	2	3	8
7	4	3	2	6	8	9	1	5				1	2	8	3	9	5	6	7	4
6	1	2	4	9	5	3	8	7				4	3	6	7	2	8	5	1	9
3	6	4	9	8	7	1	5	2	9	6	4	8	7	3	9	5	2	4	6	1
5	8	9	3	1	2	7	4	6	8	2	3	5	9	1	6	3	4	7	8	2
2	7	1	5	4	6	8	3	9	5	7	1	2	6	4	1	8	7	3	9	5
						3	8	5	4	9	6	1	2	7						
						9	7	1	3	8	2	6	4	5						
						6	2	4	7	1	5	9	3	8						
						5	9	8	2	4	7	3	1	6						
						2	6	7	1	3	8	4	5	9						
						4	1	3	6	5	9	7	8	2						

59

						2	9	6	5	4	3	1	8	7						
						3	5	7	1	8	9	4	6	2						
						4	1	8	6	7	2	3	9	5						
						6	3	4	7	9	5	8	2	1						
						9	2	5	8	1	4	7	3	6						
						7	8	1	3	2	6	5	4	9						
9	5	6	8	4	2	1	7	3	2	6	8	9	5	4	2	6	3	8	1	7
4	2	8	1	3	7	5	6	9	4	3	7	2	1	8	7	9	5	4	3	6
3	1	7	9	5	6	8	4	2	9	5	1	6	7	3	4	8	1	2	9	5
1	8	3	2	7	4	9	5	6				7	4	1	6	5	2	9	8	3
6	7	4	5	9	3	2	8	1				8	2	6	3	1	9	5	7	4
5	9	2	6	1	8	7	3	4				5	3	9	8	7	4	6	2	1
7	6	1	4	8	9	3	2	5	4	6	9	1	8	7	5	2	6	3	4	9
8	4	9	3	2	5	6	1	7	3	2	8	4	9	5	1	3	8	7	6	2
2	3	5	7	6	1	4	9	8	7	5	1	3	6	2	9	4	7	1	5	8
						8	6	1	9	3	7	5	2	4						
						5	3	9	8	4	2	6	7	1						
						7	4	2	6	1	5	9	3	8						
						9	8	4	5	7	6	2	1	3						
						2	5	6	1	8	3	7	4	9						
						1	7	3	2	9	4	8	5	6						

60

						6	5	7	3	4	8	9	1	2						
						4	9	2	5	1	7	8	3	6						
						8	1	3	9	2	6	5	4	7						
						7	8	5	1	3	4	6	2	9						
						9	6	4	2	8	5	1	7	3						
						2	3	1	6	7	9	4	8	5						
1	7	9	6	2	3	5	4	8	7	9	3	2	6	1	9	8	4	3	5	7
3	4	2	8	9	5	1	7	6	8	5	2	3	9	4	5	6	7	8	1	2
5	8	6	4	7	1	3	2	9	4	6	1	7	5	8	3	2	1	6	4	9
7	2	4	5	1	9	6	8	3				9	4	3	2	7	6	5	8	1
9	6	5	3	8	2	4	1	7				1	2	6	8	9	5	4	7	3
8	3	1	7	6	4	9	5	2				8	7	5	1	4	3	2	9	6
2	5	7	1	3	6	8	9	4	2	3	6	5	1	7	6	3	8	9	2	4
6	1	8	9	4	7	2	3	5	1	4	7	6	8	9	4	1	2	7	3	5
4	9	3	2	5	8	7	6	1	8	5	9	4	3	2	7	5	9	1	6	8
						3	5	8	9	2	4	1	7	6						
						6	1	9	5	7	8	3	2	4						
						4	7	2	3	6	1	8	9	5						
						5	2	6	7	8	3	9	4	1						
						1	4	3	6	9	2	7	5	8						
						9	8	7	4	1	5	2	6	3						

61

						5	3	2	4	7	9	8	1	6						
						9	8	7	6	1	5	2	4	3						
						1	4	6	8	3	2	9	7	5						
						2	9	5	7	6	4	3	8	1						
						7	1	3	2	9	8	5	6	4						
						4	6	8	1	5	3	7	2	9						
4	9	8	3	7	2	6	5	1	9	2	7	4	3	8	5	6	9	7	1	2
3	6	7	4	5	1	8	2	9	3	4	1	6	5	7	1	2	8	9	4	3
2	5	1	8	9	6	3	7	4	5	8	6	1	9	2	7	3	4	8	5	6
9	7	2	6	3	4	5	1	8				7	1	5	4	8	6	2	3	9
1	4	3	5	8	9	2	6	7				2	8	6	3	9	5	1	7	4
5	8	6	2	1	7	9	4	3				3	4	9	2	7	1	5	6	8
8	1	9	7	2	5	4	3	6	5	7	9	8	2	1	6	4	7	3	9	5
7	2	4	9	6	3	1	8	5	6	2	3	9	7	4	8	5	3	6	2	1
6	3	5	1	4	8	7	9	2	1	4	8	5	6	3	9	1	2	4	8	7
						6	1	4	9	8	5	2	3	7						
						5	7	8	4	3	2	6	1	9						
						9	2	3	7	6	1	4	5	8						
						2	5	9	8	1	7	3	4	6						
						8	6	7	3	5	4	1	9	2						
						3	4	1	2	9	6	7	8	5						

62

						8	6	5	2	4	7	1	3	9						
						7	2	3	1	9	8	6	4	5						
						1	9	4	6	3	5	8	2	7						
						6	5	7	9	1	3	4	8	2						
						2	8	1	5	7	4	9	6	3						
						4	3	9	8	6	2	7	5	1						
2	7	8	9	5	1	3	4	6	7	2	9	5	1	8	4	3	7	9	6	2
9	3	1	8	4	6	5	7	2	4	8	1	3	9	6	5	2	8	1	4	7
6	5	4	7	2	3	9	1	8	3	5	6	2	7	4	6	1	9	3	8	5
8	4	2	6	3	9	7	5	1				6	5	7	2	8	1	4	9	3
3	1	6	5	7	2	4	8	9				8	2	9	7	4	3	5	1	6
5	9	7	4	1	8	2	6	3				1	4	3	9	5	6	7	2	8
7	6	9	3	8	5	1	2	4	6	8	7	9	3	5	8	6	4	2	7	1
4	2	3	1	6	7	8	9	5	2	3	4	7	6	1	3	9	2	8	5	4
1	8	5	2	9	4	6	3	7	1	9	5	4	8	2	1	7	5	6	3	9
						9	5	8	3	7	2	1	4	6						
						2	4	6	8	5	1	3	7	9						
						3	7	1	9	4	6	2	5	8						
						5	6	9	4	1	3	8	2	7						
						4	8	2	7	6	9	5	1	3						
						7	1	3	5	2	8	6	9	4						

63

						9	4	1	8	2	5	3	6	7						
						8	5	3	9	7	6	1	4	2						
						2	7	6	1	4	3	9	5	8						
						1	9	5	7	8	4	2	3	6						
						7	3	2	5	6	9	4	8	1						
						6	8	4	3	1	2	7	9	5						
8	1	5	2	4	9	3	6	7	2	9	8	5	1	4	8	6	3	2	7	9
2	7	6	5	3	8	4	1	9	6	5	7	8	2	3	1	9	7	5	6	4
9	4	3	1	6	7	5	2	8	4	3	1	6	7	9	2	5	4	3	8	1
5	6	7	8	1	2	9	4	3				7	5	8	4	1	6	9	2	3
4	2	9	6	7	3	8	5	1				4	6	2	9	3	8	7	1	5
1	3	8	4	9	5	6	7	2				3	9	1	7	2	5	6	4	8
6	9	4	7	8	1	2	3	5	1	8	7	9	4	6	5	7	1	8	3	2
3	5	1	9	2	4	7	8	6	2	9	4	1	3	5	6	8	2	4	9	7
7	8	2	3	5	6	1	9	4	3	5	6	2	8	7	3	4	9	1	5	6
						4	7	8	5	1	9	3	6	2						
						3	1	2	6	4	8	7	5	9						
						5	6	9	7	3	2	4	1	8						
						9	4	1	8	7	5	6	2	3						
						6	5	3	9	2	1	8	7	4						
						8	2	7	4	6	3	5	9	1						

64

						9	2	5	1	7	6	4	3	8						
						1	3	8	4	5	2	6	9	7						
						6	7	4	8	3	9	5	1	2						
						4	5	9	7	2	8	1	6	3						
						2	8	6	3	1	5	7	4	9						
						3	1	7	9	6	4	8	2	5						
9	2	4	5	7	1	8	6	3	5	9	1	2	7	4	8	6	3	5	1	9
8	7	1	3	4	6	5	9	2	6	4	7	3	8	1	4	5	9	6	2	7
3	6	5	2	8	9	7	4	1	2	8	3	9	5	6	2	7	1	8	4	3
4	8	6	9	2	5	3	1	7				7	1	8	3	2	6	4	9	5
5	9	7	1	3	4	6	2	8				4	2	5	9	1	8	7	3	6
1	3	2	7	6	8	4	5	9				6	9	3	7	4	5	1	8	2
6	5	3	8	9	2	1	7	4	8	6	9	5	3	2	6	8	4	9	7	1
7	1	9	4	5	3	2	8	6	5	7	3	1	4	9	5	3	7	2	6	8
2	4	8	6	1	7	9	3	5	1	2	4	8	6	7	1	9	2	3	5	4
						8	9	7	3	1	6	4	2	5						
						6	4	2	9	5	7	3	8	1						
						5	1	3	4	8	2	9	7	6						
						3	2	8	6	9	1	7	5	4						
						7	5	9	2	4	8	6	1	3						
						4	6	1	7	3	5	2	9	8						

65

						2	3	9	1	7	8	5	4	6						
						7	1	5	6	4	3	2	8	9						
						4	8	6	5	9	2	3	7	1						
						9	2	7	4	3	1	6	5	8						
						8	5	3	9	6	7	1	2	4						
						6	4	1	8	2	5	9	3	7						
3	2	4	7	9	1	5	6	8	2	1	4	7	9	3	6	5	2	4	1	8
6	1	7	8	4	5	3	9	2	7	8	6	4	1	5	3	9	8	7	6	2
5	8	9	2	6	3	1	7	4	3	5	9	8	6	2	4	1	7	3	5	9
7	5	3	6	1	8	2	4	9				6	2	8	7	3	9	5	4	1
9	6	2	5	3	4	7	8	1				9	3	7	5	4	1	2	8	6
8	4	1	9	7	2	6	3	5				1	5	4	2	8	6	9	7	3
4	9	6	1	5	7	8	2	3	1	9	7	5	4	6	8	2	3	1	9	7
1	3	8	4	2	6	9	5	7	6	2	4	3	8	1	9	7	5	6	2	4
2	7	5	3	8	9	4	1	6	8	5	3	2	7	9	1	6	4	8	3	5
						6	7	9	4	8	5	1	2	3						
						1	4	5	7	3	2	9	6	8						
						2	3	8	9	1	6	7	5	4						
						5	8	1	2	6	9	4	3	7						
						7	6	2	3	4	1	8	9	5						
						3	9	4	5	7	8	6	1	2						

66

						3	6	7	1	5	8	4	2	9						
						4	8	5	2	9	7	1	3	6						
						2	9	1	3	4	6	7	8	5						
						8	7	3	9	1	5	2	6	4						
						5	4	2	6	8	3	9	7	1						
						9	1	6	4	7	2	3	5	8						
7	6	9	3	2	4	1	5	8	7	3	4	6	9	2	4	5	8	1	3	7
5	4	2	7	1	8	6	3	9	5	2	1	8	4	7	3	1	6	2	9	5
8	1	3	6	9	5	7	2	4	8	6	9	5	1	3	2	7	9	6	4	8
4	3	7	1	8	9	2	6	5				3	2	4	7	6	5	8	1	9
2	5	8	4	6	7	9	1	3				7	6	1	8	9	2	4	5	3
6	9	1	5	3	2	8	4	7				9	5	8	1	4	3	7	6	2
9	8	4	2	5	6	3	7	1	6	2	9	4	8	5	9	2	1	3	7	6
1	2	5	9	7	3	4	8	6	3	5	1	2	7	9	6	3	4	5	8	1
3	7	6	8	4	1	5	9	2	7	8	4	1	3	6	5	8	7	9	2	4
						6	4	3	5	1	7	9	2	8						
						7	5	8	2	9	3	6	4	1						
						2	1	9	4	6	8	7	5	3						
						8	2	4	1	3	6	5	9	7						
						9	6	5	8	7	2	3	1	4						
						1	3	7	9	4	5	8	6	2						

67

						1	7	8	4	3	5	6	2	9						
						9	5	4	8	6	2	7	1	3						
						3	2	6	9	1	7	4	5	8						
						2	1	7	6	8	4	3	9	5						
						8	6	9	1	5	3	2	4	7						
						4	3	5	2	7	9	1	8	6						
2	4	5	8	1	7	6	9	3	5	2	1	8	7	4	3	6	1	2	5	9
9	3	7	2	4	6	5	8	1	7	4	6	9	3	2	7	5	8	4	1	6
8	6	1	9	3	5	7	4	2	3	9	8	5	6	1	9	4	2	3	8	7
7	2	9	1	6	8	4	3	5				3	5	6	1	8	4	7	9	2
4	8	3	5	7	2	9	1	6				4	1	7	2	9	5	8	6	3
1	5	6	3	9	4	2	7	8				2	8	9	6	3	7	5	4	1
5	7	8	4	2	3	1	6	9	5	2	8	7	4	3	5	1	6	9	2	8
3	9	4	6	5	1	8	2	7	6	4	3	1	9	5	8	2	3	6	7	4
6	1	2	7	8	9	3	5	4	7	9	1	6	2	8	4	7	9	1	3	5
						6	3	1	9	8	2	5	7	4						
						5	4	8	3	6	7	9	1	2						
						7	9	2	1	5	4	3	8	6						
						4	1	6	2	7	5	8	3	9						
						2	7	5	8	3	9	4	6	1						
						9	8	3	4	1	6	2	5	7						

68

						7	2	9	4	5	8	1	6	3						
						6	1	3	9	7	2	8	4	5						
						5	8	4	1	3	6	7	2	9						
						2	9	7	8	4	5	3	1	6						
						4	5	6	3	1	7	9	8	2						
						8	3	1	6	2	9	4	5	7						
2	6	9	8	7	3	1	4	5	2	9	3	6	7	8	4	2	1	9	3	5
7	5	8	4	1	9	3	6	2	7	8	1	5	9	4	7	3	8	2	6	1
4	1	3	6	2	5	9	7	8	5	6	4	2	3	1	9	6	5	7	8	4
6	9	7	2	5	8	4	3	1				9	4	6	8	5	3	1	2	7
8	3	5	1	9	4	7	2	6				1	2	3	6	9	7	4	5	8
1	4	2	3	6	7	8	5	9				7	8	5	2	1	4	6	9	3
5	7	1	9	3	6	2	8	4	7	1	6	3	5	9	1	7	6	8	4	2
3	2	4	5	8	1	6	9	7	8	3	5	4	1	2	5	8	9	3	7	6
9	8	6	7	4	2	5	1	3	4	9	2	8	6	7	3	4	2	5	1	9
						4	7	6	9	2	1	5	8	3						
						3	5	1	6	7	8	9	2	4						
						9	2	8	3	5	4	1	7	6						
						7	4	5	2	8	3	6	9	1						
						1	3	9	5	6	7	2	4	8						
						8	6	2	1	4	9	7	3	5						

69

						4	3	7	1	5	8	6	9	2						
						2	9	1	3	6	7	5	4	8						
						5	6	8	9	2	4	3	7	1						
						3	7	4	6	8	1	2	5	9						
						1	8	2	5	4	9	7	6	3						
						6	5	9	2	7	3	8	1	4						
3	5	8	7	4	2	9	1	6	7	3	2	4	8	5	1	2	9	3	6	7
1	6	2	5	9	8	7	4	3	8	1	5	9	2	6	8	3	7	5	1	4
9	4	7	6	1	3	8	2	5	4	9	6	1	3	7	6	5	4	9	2	8
2	1	9	4	6	5	3	7	8				3	4	2	5	7	1	6	8	9
6	8	4	3	2	7	5	9	1				5	1	8	9	6	3	4	7	2
7	3	5	1	8	9	2	6	4				7	6	9	4	8	2	1	3	5
5	2	1	8	7	4	6	3	9	8	5	1	2	7	4	3	1	5	8	9	6
8	9	6	2	3	1	4	5	7	6	3	2	8	9	1	2	4	6	7	5	3
4	7	3	9	5	6	1	8	2	7	9	4	6	5	3	7	9	8	2	4	1
						8	2	6	4	7	9	3	1	5						
						7	9	1	5	2	3	4	8	6						
						5	4	3	1	8	6	7	2	9						
						3	1	5	2	6	7	9	4	8						
						2	6	4	9	1	8	5	3	7						
						9	7	8	3	4	5	1	6	2						

70

						5	8	1	2	6	7	3	4	9						
						7	9	2	8	4	3	5	6	1						
						3	6	4	5	1	9	7	8	2						
						9	1	3	4	8	5	6	2	7						
						4	5	7	6	3	2	9	1	8						
						8	2	6	9	7	1	4	3	5						
5	1	4	7	9	6	2	3	8	7	9	6	1	5	4	7	9	8	6	3	2
9	6	3	2	4	8	1	7	5	3	2	4	8	9	6	2	1	3	4	7	5
2	8	7	1	5	3	6	4	9	1	5	8	2	7	3	6	4	5	9	1	8
4	3	6	8	7	1	9	5	2				7	1	5	4	6	2	3	8	9
7	9	8	5	6	2	4	1	3				3	4	9	8	5	7	2	6	1
1	5	2	9	3	4	7	8	6				6	8	2	9	3	1	5	4	7
8	7	1	6	2	5	3	9	4	8	2	1	5	6	7	1	2	4	8	9	3
6	4	9	3	8	7	5	2	1	4	7	6	9	3	8	5	7	6	1	2	4
3	2	5	4	1	9	8	6	7	5	3	9	4	2	1	3	8	9	7	5	6
						9	3	5	1	6	4	8	7	2						
						4	8	2	7	5	3	6	1	9						
						1	7	6	9	8	2	3	5	4						
						2	1	8	6	4	5	7	9	3						
						7	5	9	3	1	8	2	4	6						
						6	4	3	2	9	7	1	8	5						

71

						5	8	2	7	3	4	9	1	6						
						7	9	4	1	5	6	3	2	8						
						3	6	1	9	8	2	5	4	7						
						1	4	5	6	9	3	7	8	2						
						9	2	8	4	7	5	6	3	1						
						6	3	7	8	2	1	4	9	5						
3	5	4	1	8	9	2	7	6	3	1	9	8	5	4	1	9	3	6	2	7
2	7	8	6	3	5	4	1	9	5	6	8	2	7	3	5	6	8	4	9	1
9	6	1	4	2	7	8	5	3	2	4	7	1	6	9	4	2	7	8	5	3
4	1	3	5	6	2	9	8	7				5	1	6	9	7	4	2	3	8
7	2	5	8	9	4	3	6	1				4	8	2	3	5	1	9	7	6
8	9	6	3	7	1	5	4	2				9	3	7	6	8	2	5	1	4
6	3	2	7	4	8	1	9	5	2	3	6	7	4	8	2	3	5	1	6	9
5	4	7	9	1	3	6	2	8	7	1	4	3	9	5	8	1	6	7	4	2
1	8	9	2	5	6	7	3	4	9	5	8	6	2	1	7	4	9	3	8	5
						9	1	6	8	7	5	2	3	4						
						2	5	7	4	9	3	1	8	6						
						4	8	3	6	2	1	9	5	7						
						3	6	9	5	8	7	4	1	2						
						8	7	1	3	4	2	5	6	9						
						5	4	2	1	6	9	8	7	3						

72

						4	8	3	9	7	6	5	1	2						
						6	1	2	3	5	4	9	8	7						
						5	7	9	8	1	2	4	6	3						
						9	4	6	1	8	3	7	2	5						
						1	2	5	7	4	9	8	3	6						
						7	3	8	6	2	5	1	4	9						
9	8	2	6	4	1	3	5	7	4	6	8	2	9	1	7	3	6	4	8	5
7	3	4	9	5	2	8	6	1	2	9	7	3	5	4	9	8	2	1	7	6
5	6	1	3	8	7	2	9	4	5	3	1	6	7	8	5	4	1	9	2	3
2	1	8	5	7	9	4	3	6				9	2	5	3	7	8	6	4	1
3	4	9	1	6	8	5	7	2				7	8	3	1	6	4	2	5	9
6	7	5	4	2	3	9	1	8				4	1	6	2	5	9	7	3	8
4	9	3	8	1	6	7	2	5	8	6	4	1	3	9	8	2	7	5	6	4
8	2	6	7	3	5	1	4	9	3	5	7	8	6	2	4	1	5	3	9	7
1	5	7	2	9	4	6	8	3	9	1	2	5	4	7	6	9	3	8	1	2
						4	7	1	5	8	9	3	2	6						
						3	6	8	2	4	1	7	9	5						
						5	9	2	7	3	6	4	8	1						
						8	1	7	6	9	3	2	5	4						
						9	3	4	1	2	5	6	7	8						
						2	5	6	4	7	8	9	1	3						

73

						2	7	8	4	1	6	5	3	9						
						6	9	4	3	5	2	8	1	7						
						5	3	1	7	8	9	4	6	2						
						4	6	9	5	2	3	1	7	8						
						3	2	7	1	4	8	9	5	6						
						1	8	5	9	6	7	2	4	3						
5	6	3	1	7	8	9	4	2	6	3	1	7	8	5	9	4	6	2	1	3
4	2	8	5	9	6	7	1	3	8	9	5	6	2	4	7	1	3	8	9	5
9	7	1	3	2	4	8	5	6	2	7	4	3	9	1	2	5	8	7	4	6
3	1	5	6	4	9	2	7	8				4	6	7	1	3	5	9	8	2
2	9	4	7	8	1	3	6	5				8	3	9	6	7	2	4	5	1
7	8	6	2	3	5	1	9	4				1	5	2	4	8	9	6	3	7
6	3	2	4	1	7	5	8	9	1	3	7	2	4	6	5	9	1	3	7	8
8	5	7	9	6	3	4	2	1	8	6	9	5	7	3	8	6	4	1	2	9
1	4	9	8	5	2	6	3	7	5	2	4	9	1	8	3	2	7	5	6	4
						7	1	8	9	5	3	4	6	2						
						3	9	5	6	4	2	1	8	7						
						2	6	4	7	1	8	3	5	9						
						1	5	3	2	7	6	8	9	4						
						8	4	6	3	9	5	7	2	1						
						9	7	2	4	8	1	6	3	5						

74

						9	6	5	3	1	7	2	4	8						
						1	4	2	5	8	9	7	6	3						
						7	3	8	4	6	2	5	1	9						
						3	1	9	8	7	5	6	2	4						
						5	8	6	1	2	4	3	9	7						
						2	7	4	6	9	3	1	8	5						
6	4	2	3	9	7	8	5	1	7	4	6	9	3	2	8	1	4	6	5	7
5	8	3	1	2	6	4	9	7	2	3	1	8	5	6	2	9	7	3	1	4
1	9	7	4	8	5	6	2	3	9	5	8	4	7	1	3	6	5	9	2	8
7	2	6	8	3	4	9	1	5				6	9	3	5	8	2	4	7	1
4	5	1	9	6	2	7	3	8				5	4	8	6	7	1	2	9	3
8	3	9	7	5	1	2	4	6				1	2	7	9	4	3	8	6	5
3	1	4	2	7	8	5	6	9	1	3	2	7	8	4	1	2	6	5	3	9
2	6	8	5	1	9	3	7	4	9	8	6	2	1	5	4	3	9	7	8	6
9	7	5	6	4	3	1	8	2	7	5	4	3	6	9	7	5	8	1	4	2
						9	1	5	8	2	7	4	3	6						
						2	3	7	6	4	1	9	5	8						
						6	4	8	3	9	5	1	2	7						
						7	9	1	5	6	3	8	4	2						
						8	2	6	4	1	9	5	7	3						
						4	5	3	2	7	8	6	9	1						

75

						5	7	9	3	1	8	4	6	2						
						1	8	4	7	6	2	9	3	5						
						2	6	3	9	5	4	8	1	7						
						8	4	5	6	2	1	7	9	3						
						3	1	2	4	7	9	6	5	8						
						7	9	6	8	3	5	2	4	1						
4	7	9	3	8	5	6	2	1	5	9	7	3	8	4	9	6	7	2	1	5
6	5	8	9	2	1	4	3	7	1	8	6	5	2	9	3	1	4	7	8	6
2	3	1	4	6	7	9	5	8	2	4	3	1	7	6	2	8	5	3	9	4
3	4	7	6	1	9	5	8	2				6	3	2	4	5	9	1	7	8
9	2	5	8	7	3	1	6	4				9	4	1	7	2	8	6	5	3
1	8	6	5	4	2	7	9	3				8	5	7	1	3	6	9	4	2
8	1	3	7	9	6	2	4	5	3	9	6	7	1	8	6	4	2	5	3	9
5	6	2	1	3	4	8	7	9	2	1	5	4	6	3	5	9	1	8	2	7
7	9	4	2	5	8	3	1	6	4	7	8	2	9	5	8	7	3	4	6	1
						4	8	3	9	2	1	5	7	6						
						5	9	1	8	6	7	3	2	4						
						7	6	2	5	3	4	1	8	9						
						6	3	8	1	4	2	9	5	7						
						1	5	4	7	8	9	6	3	2						
						9	2	7	6	5	3	8	4	1						

76

						8	7	6	4	9	5	1	3	2						
						5	4	2	1	3	7	9	8	6						
						1	3	9	8	6	2	5	7	4						
						9	1	8	3	4	6	2	5	7						
						4	6	5	7	2	8	3	1	9						
						3	2	7	5	1	9	6	4	8						
5	7	3	4	9	2	6	8	1	9	7	3	4	2	5	7	6	8	9	3	1
6	9	1	8	7	3	2	5	4	6	8	1	7	9	3	5	2	1	6	8	4
4	8	2	1	6	5	7	9	3	2	5	4	8	6	1	4	3	9	5	7	2
3	4	5	7	8	6	1	2	9				6	5	4	2	1	7	3	9	8
8	2	9	5	3	1	4	6	7				2	8	7	9	4	3	1	5	6
1	6	7	2	4	9	5	3	8				3	1	9	6	8	5	2	4	7
7	5	4	3	2	8	9	1	6	7	8	4	5	3	2	8	7	6	4	1	9
2	3	6	9	1	7	8	4	5	9	2	3	1	7	6	3	9	4	8	2	5
9	1	8	6	5	4	3	7	2	5	1	6	9	4	8	1	5	2	7	6	3
						5	8	4	3	6	9	2	1	7						
						2	9	1	8	5	7	3	6	4						
						7	6	3	1	4	2	8	5	9						
						4	3	7	2	9	5	6	8	1						
						1	5	9	6	7	8	4	2	3						
						6	2	8	4	3	1	7	9	5						

77

						2	1	8	4	5	3	7	9	6						
						7	9	3	6	2	1	5	4	8						
						5	4	6	8	9	7	2	3	1						
						1	3	7	9	4	2	6	8	5						
						6	5	2	1	3	8	4	7	9						
						4	8	9	5	7	6	1	2	3						
4	9	7	5	3	6	8	2	1	3	6	4	9	5	7	8	3	2	6	1	4
5	8	3	2	7	1	9	6	4	7	8	5	3	1	2	4	5	6	7	9	8
6	2	1	4	8	9	3	7	5	2	1	9	8	6	4	7	1	9	3	2	5
2	6	9	3	4	8	5	1	7				5	2	1	3	6	8	4	7	9
1	7	8	9	5	2	6	4	3				6	9	8	2	4	7	1	5	3
3	5	4	1	6	7	2	8	9				4	7	3	1	9	5	8	6	2
8	3	6	7	1	5	4	9	2	1	6	3	7	8	5	6	2	4	9	3	1
7	4	2	6	9	3	1	5	8	4	7	9	2	3	6	9	8	1	5	4	7
9	1	5	8	2	4	7	3	6	8	5	2	1	4	9	5	7	3	2	8	6
						6	4	3	7	8	5	9	2	1						
						8	1	9	6	2	4	3	5	7						
						2	7	5	3	9	1	8	6	4						
						3	6	4	2	1	7	5	9	8						
						9	8	1	5	3	6	4	7	2						
						5	2	7	9	4	8	6	1	3						

78

						4	2	8	6	9	1	7	3	5						
						3	6	5	2	4	7	1	8	9						
						1	7	9	5	3	8	2	6	4						
						6	9	3	8	1	4	5	7	2						
						2	8	4	7	5	3	6	9	1						
						7	5	1	9	6	2	8	4	3						
8	1	9	7	3	2	5	4	6	1	7	9	3	2	8	7	9	1	6	5	4
2	4	6	1	5	9	8	3	7	4	2	5	9	1	6	5	4	2	3	8	7
3	7	5	4	6	8	9	1	2	3	8	6	4	5	7	6	3	8	2	9	1
7	5	2	6	8	1	3	9	4				5	7	2	3	1	6	9	4	8
1	9	8	3	7	4	2	6	5				1	8	9	2	5	4	7	3	6
6	3	4	9	2	5	1	7	8				6	4	3	9	8	7	1	2	5
4	8	3	5	1	7	6	2	9	7	5	1	8	3	4	1	7	9	5	6	2
5	6	7	2	9	3	4	8	1	9	2	3	7	6	5	8	2	3	4	1	9
9	2	1	8	4	6	7	5	3	6	8	4	2	9	1	4	6	5	8	7	3
						3	9	7	4	6	2	1	5	8						
						8	4	6	1	7	5	3	2	9						
						2	1	5	3	9	8	4	7	6						
						1	7	8	5	3	9	6	4	2						
						5	6	2	8	4	7	9	1	3						
						9	3	4	2	1	6	5	8	7						

79

						4	1	5	8	2	6	9	7	3						
						2	3	6	7	1	9	5	8	4						
						8	7	9	3	5	4	6	2	1						
						6	5	4	9	7	2	1	3	8						
						7	2	1	5	3	8	4	6	9						
						9	8	3	6	4	1	7	5	2						
4	2	8	9	3	5	1	6	7	2	9	3	8	4	5	3	9	6	2	7	1
3	1	7	8	4	6	5	9	2	4	8	7	3	1	6	7	2	4	8	9	5
9	6	5	7	2	1	3	4	8	1	6	5	2	9	7	5	8	1	6	3	4
7	5	6	2	1	8	4	3	9				5	3	8	1	6	9	4	2	7
8	3	1	4	5	9	7	2	6				6	7	1	2	4	5	9	8	3
2	4	9	3	6	7	8	1	5				4	2	9	8	3	7	5	1	6
5	9	4	6	8	3	2	7	1	4	8	5	9	6	3	4	7	8	1	5	2
6	8	3	1	7	2	9	5	4	7	6	3	1	8	2	6	5	3	7	4	9
1	7	2	5	9	4	6	8	3	2	1	9	7	5	4	9	1	2	3	6	8
						4	2	7	5	9	8	3	1	6						
						3	9	8	1	7	6	2	4	5						
						1	6	5	3	2	4	8	7	9						
						8	4	9	6	3	1	5	2	7						
						7	3	6	8	5	2	4	9	1						
						5	1	2	9	4	7	6	3	8						

80

						4	6	2	5	8	9	1	7	3						
						5	8	9	7	1	3	6	2	4						
						1	3	7	2	6	4	9	8	5						
						9	4	6	8	7	1	3	5	2						
						8	2	1	3	9	5	4	6	7						
						7	5	3	4	2	6	8	9	1						
6	9	5	8	3	1	2	7	4	9	3	8	5	1	6	7	8	2	9	3	4
1	8	3	2	7	4	6	9	5	1	4	2	7	3	8	6	4	9	5	1	2
2	7	4	9	5	6	3	1	8	6	5	7	2	4	9	1	5	3	8	6	7
4	5	1	7	6	2	8	3	9				1	9	7	4	6	5	3	2	8
3	2	9	1	4	8	7	5	6				3	8	5	9	2	7	6	4	1
7	6	8	3	9	5	4	2	1				6	2	4	3	1	8	7	9	5
9	1	2	6	8	7	5	4	3	6	9	2	8	7	1	2	3	6	4	5	9
8	4	7	5	1	3	9	6	2	8	7	1	4	5	3	8	9	1	2	7	6
5	3	6	4	2	9	1	8	7	5	4	3	9	6	2	5	7	4	1	8	3
						4	5	1	9	2	7	6	3	8						
						7	9	6	3	1	8	2	4	5						
						2	3	8	4	6	5	1	9	7						
						6	2	5	1	3	4	7	8	9						
						3	7	4	2	8	9	5	1	6						
						8	1	9	7	5	6	3	2	4						

81

						1	2	9	3	5	4	8	7	6						
						5	6	7	8	9	2	4	1	3						
						4	3	8	7	6	1	9	5	2						
						6	5	1	9	4	7	3	2	8						
						2	7	4	6	8	3	1	9	5						
						8	9	3	2	1	5	6	4	7						
4	7	2	1	6	9	3	8	5	1	7	9	2	6	4	9	3	7	5	8	1
6	8	9	3	5	4	7	1	2	4	3	6	5	8	9	6	1	4	7	2	3
1	5	3	7	8	2	9	4	6	5	2	8	7	3	1	5	8	2	4	9	6
7	3	8	9	4	6	2	5	1				6	4	5	3	2	9	8	1	7
9	6	5	2	1	8	4	3	7				8	2	3	7	4	1	6	5	9
2	4	1	5	3	7	6	9	8				1	9	7	8	6	5	3	4	2
8	9	7	4	2	1	5	6	3	1	8	4	9	7	2	4	5	3	1	6	8
3	1	4	6	7	5	8	2	9	3	7	5	4	1	6	2	7	8	9	3	5
5	2	6	8	9	3	1	7	4	9	2	6	3	5	8	1	9	6	2	7	4
						3	1	5	4	6	2	8	9	7						
						4	8	2	5	9	7	6	3	1						
						7	9	6	8	1	3	2	4	5						
						2	3	1	7	4	8	5	6	9						
						9	5	8	6	3	1	7	2	4						
						6	4	7	2	5	9	1	8	3						

82

						4	7	6	2	5	9	1	8	3						
						9	8	2	3	4	1	5	6	7						
						3	1	5	8	6	7	9	2	4						
						2	4	9	1	8	6	3	7	5						
						1	3	7	5	2	4	6	9	8						
						5	6	8	9	7	3	4	1	2						
5	6	4	7	1	9	8	2	3	6	1	5	7	4	9	5	1	6	2	3	8
8	2	3	4	6	5	7	9	1	4	3	8	2	5	6	3	8	9	4	1	7
1	9	7	8	3	2	6	5	4	7	9	2	8	3	1	2	4	7	9	5	6
6	5	9	3	7	4	1	8	2				6	2	4	8	9	5	1	7	3
3	4	1	2	5	8	9	6	7				5	1	7	6	2	3	8	4	9
7	8	2	1	9	6	3	4	5				9	8	3	4	7	1	5	6	2
9	3	8	5	2	1	4	7	6	2	1	5	3	9	8	7	5	4	6	2	1
4	1	5	6	8	7	2	3	9	6	4	8	1	7	5	9	6	2	3	8	4
2	7	6	9	4	3	5	1	8	3	9	7	4	6	2	1	3	8	7	9	5
						9	4	2	7	8	1	5	3	6						
						7	6	5	9	3	4	2	8	1						
						3	8	1	5	2	6	9	4	7						
						1	2	3	8	7	9	6	5	4						
						6	9	7	4	5	2	8	1	3						
						8	5	4	1	6	3	7	2	9						

83

						1	6	5	8	2	3	7	4	9						
						7	9	4	1	5	6	2	8	3						
						8	3	2	4	9	7	1	6	5						
						4	1	6	2	3	8	5	9	7						
						9	8	3	5	7	4	6	2	1						
						5	2	7	6	1	9	8	3	4						
7	1	6	5	3	8	2	4	9	7	8	5	3	1	6	7	8	2	9	5	4
5	3	2	4	9	1	6	7	8	3	4	1	9	5	2	4	3	6	7	1	8
9	4	8	6	7	2	3	5	1	9	6	2	4	7	8	1	9	5	3	6	2
1	9	3	8	6	4	5	2	7				5	3	7	9	6	8	2	4	1
8	2	5	7	1	3	4	9	6				2	8	9	5	4	1	6	3	7
6	7	4	2	5	9	1	8	3				6	4	1	2	7	3	8	9	5
3	5	1	9	2	7	8	6	4	9	5	7	1	2	3	6	5	7	4	8	9
4	6	9	3	8	5	7	1	2	4	3	6	8	9	5	3	2	4	1	7	6
2	8	7	1	4	6	9	3	5	1	8	2	7	6	4	8	1	9	5	2	3
						5	2	7	6	4	3	9	1	8						
						1	4	9	2	7	8	5	3	6						
						6	8	3	5	9	1	4	7	2						
						2	9	6	8	1	4	3	5	7						
						4	7	1	3	6	5	2	8	9						
						3	5	8	7	2	9	6	4	1						

84

						3	4	5	6	8	2	7	9	1						
						8	1	7	5	9	4	6	2	3						
						2	9	6	7	3	1	5	4	8						
						4	2	8	9	7	3	1	5	6						
						6	5	9	1	4	8	3	7	2						
						1	7	3	2	5	6	9	8	4						
6	4	5	1	3	7	9	8	2	3	1	7	4	6	5	8	7	1	9	2	3
8	1	9	6	5	2	7	3	4	8	6	5	2	1	9	5	4	3	8	6	7
2	3	7	9	4	8	5	6	1	4	2	9	8	3	7	9	2	6	1	4	5
4	7	8	5	2	6	1	9	3				9	4	3	6	1	5	2	7	8
1	2	6	3	7	9	4	5	8				5	2	1	7	9	8	6	3	4
9	5	3	8	1	4	2	7	6				7	8	6	4	3	2	5	1	9
7	8	4	2	6	5	3	1	9	8	2	5	6	7	4	2	8	9	3	5	1
3	6	2	7	9	1	8	4	5	7	6	1	3	9	2	1	5	4	7	8	6
5	9	1	4	8	3	6	2	7	9	4	3	1	5	8	3	6	7	4	9	2
						1	6	2	3	5	8	7	4	9						
						7	5	4	1	9	2	8	3	6						
						9	8	3	6	7	4	2	1	5						
						2	7	6	4	1	9	5	8	3						
						5	9	8	2	3	7	4	6	1						
						4	3	1	5	8	6	9	2	7						

85

						7	8	6	3	1	5	9	4	2						
						9	4	5	2	6	8	3	1	7						
						3	1	2	9	4	7	6	8	5						
						6	3	9	1	5	4	2	7	8						
						1	7	8	6	2	9	5	3	4						
						2	5	4	8	7	3	1	6	9						
4	9	1	8	7	2	5	6	3	4	8	2	7	9	1	5	8	2	3	6	4
3	8	2	1	6	5	4	9	7	5	3	1	8	2	6	3	1	4	9	5	7
7	5	6	3	4	9	8	2	1	7	9	6	4	5	3	9	7	6	8	1	2
2	1	9	5	3	4	7	8	6				5	1	7	2	4	8	6	3	9
6	4	3	7	8	1	2	5	9				9	3	8	7	6	5	2	4	1
8	7	5	2	9	6	1	3	4				2	6	4	1	3	9	7	8	5
5	3	8	6	1	7	9	4	2	3	8	6	1	7	5	6	9	3	4	2	8
9	2	7	4	5	3	6	1	8	2	7	5	3	4	9	8	2	1	5	7	6
1	6	4	9	2	8	3	7	5	1	9	4	6	8	2	4	5	7	1	9	3
						4	8	3	9	5	1	2	6	7						
						2	5	6	7	3	8	4	9	1						
						1	9	7	4	6	2	8	5	3						
						8	3	4	5	1	7	9	2	6						
						7	2	9	6	4	3	5	1	8						
						5	6	1	8	2	9	7	3	4						

86

						2	6	3	9	8	1	5	4	7						
						9	1	7	5	4	2	6	8	3						
						5	8	4	7	6	3	1	2	9						
						3	2	6	8	5	7	4	9	1						
						7	4	5	1	2	9	8	3	6						
						8	9	1	4	3	6	7	5	2						
7	8	2	6	5	1	4	3	9	6	1	5	2	7	8	5	1	4	3	6	9
3	9	6	4	8	7	1	5	2	3	7	8	9	6	4	8	3	7	5	1	2
5	1	4	3	9	2	6	7	8	2	9	4	3	1	5	9	2	6	8	4	7
2	5	1	8	3	9	7	4	6				8	4	3	7	6	5	9	2	1
4	7	9	2	6	5	3	8	1				1	5	9	4	8	2	7	3	6
8	6	3	7	1	4	2	9	5				6	2	7	3	9	1	4	8	5
1	3	8	5	7	6	9	2	4	1	7	8	5	3	6	2	4	9	1	7	8
9	4	5	1	2	3	8	6	7	3	2	5	4	9	1	6	7	8	2	5	3
6	2	7	9	4	8	5	1	3	6	4	9	7	8	2	1	5	3	6	9	4
						1	8	6	4	9	3	2	7	5						
						4	9	2	7	5	6	8	1	3						
						3	7	5	8	1	2	6	4	9						
						2	4	1	5	3	7	9	6	8						
						6	3	9	2	8	4	1	5	7						
						7	5	8	9	6	1	3	2	4						

87

						9	4	8	1	2	7	5	3	6						
						6	2	7	3	5	8	9	1	4						
						1	5	3	9	4	6	2	7	8						
						4	6	1	2	8	9	3	5	7						
						7	8	9	5	3	1	6	4	2						
						5	3	2	7	6	4	8	9	1						
2	5	1	3	4	9	8	7	6	4	9	5	1	2	3	5	7	6	4	8	9
6	3	8	1	5	7	2	9	4	6	1	3	7	8	5	2	4	9	6	3	1
9	4	7	8	2	6	3	1	5	8	7	2	4	6	9	1	8	3	2	7	5
8	7	9	2	6	3	4	5	1				8	5	4	7	6	2	1	9	3
5	1	3	4	7	8	6	2	9				2	1	7	9	3	5	8	4	6
4	2	6	5	9	1	7	8	3				3	9	6	8	1	4	7	5	2
7	9	5	6	3	2	1	4	8	5	7	9	6	3	2	4	9	8	5	1	7
3	8	4	7	1	5	9	6	2	3	1	4	5	7	8	3	2	1	9	6	4
1	6	2	9	8	4	5	3	7	8	2	6	9	4	1	6	5	7	3	2	8
						4	7	1	2	5	3	8	9	6						
						3	2	5	6	9	8	4	1	7						
						8	9	6	1	4	7	3	2	5						
						6	1	4	7	3	5	2	8	9						
						2	5	3	9	8	1	7	6	4						
						7	8	9	4	6	2	1	5	3						

88

						5	9	8	6	7	1	4	2	3						
						7	3	6	8	2	4	9	5	1						
						4	2	1	3	9	5	7	6	8						
						8	5	3	1	4	9	6	7	2						
						6	7	9	2	5	3	8	1	4						
						1	4	2	7	6	8	5	3	9						
4	5	3	1	8	2	9	6	7	4	3	2	1	8	5	3	9	2	4	6	7
7	1	2	9	6	4	3	8	5	9	1	7	2	4	6	1	7	5	9	3	8
9	8	6	7	5	3	2	1	4	5	8	6	3	9	7	4	6	8	1	2	5
3	4	8	6	2	9	5	7	1				6	3	1	5	4	7	2	8	9
2	6	9	5	1	7	4	3	8				7	5	9	2	8	6	3	4	1
1	7	5	3	4	8	6	9	2				8	2	4	9	1	3	5	7	6
5	9	1	2	7	6	8	4	3	1	7	5	9	6	2	8	5	4	7	1	3
8	3	7	4	9	5	1	2	6	9	4	8	5	7	3	6	2	1	8	9	4
6	2	4	8	3	1	7	5	9	6	2	3	4	1	8	7	3	9	6	5	2
						9	8	1	4	6	7	2	3	5						
						6	7	5	8	3	2	1	9	4						
						4	3	2	5	1	9	7	8	6						
						5	6	4	3	9	1	8	2	7						
						2	9	8	7	5	6	3	4	1						
						3	1	7	2	8	4	6	5	9						

89

						2	1	3	4	6	8	9	7	5						
						5	7	4	9	1	2	6	3	8						
						8	6	9	7	5	3	2	4	1						
						4	3	2	6	8	5	7	1	9						
						7	5	8	1	2	9	3	6	4						
						1	9	6	3	7	4	5	8	2						
9	7	8	4	3	1	6	2	5	8	4	7	1	9	3	7	2	8	5	6	4
6	3	4	5	2	7	9	8	1	2	3	6	4	5	7	9	6	1	8	3	2
2	5	1	8	6	9	3	4	7	5	9	1	8	2	6	5	3	4	1	7	9
7	9	6	2	1	4	8	5	3				7	8	1	6	5	2	9	4	3
3	1	5	7	8	6	4	9	2				9	3	5	1	4	7	6	2	8
4	8	2	9	5	3	7	1	6				6	4	2	8	9	3	7	5	1
8	2	7	3	9	5	1	6	4	5	9	2	3	7	8	4	1	5	2	9	6
5	6	3	1	4	8	2	7	9	3	1	8	5	6	4	2	8	9	3	1	7
1	4	9	6	7	2	5	3	8	6	4	7	2	1	9	3	7	6	4	8	5
						3	1	5	8	7	4	9	2	6						
						9	4	2	1	3	6	7	8	5						
						6	8	7	9	2	5	4	3	1						
						7	5	3	4	8	1	6	9	2						
						8	9	6	2	5	3	1	4	7						
						4	2	1	7	6	9	8	5	3						

90

						3	9	4	8	6	5	2	1	7						
						8	2	7	1	3	9	4	5	6						
						5	1	6	4	2	7	9	8	3						
						1	3	9	5	4	2	6	7	8						
						4	8	2	6	7	3	5	9	1						
						7	6	5	9	1	8	3	2	4						
3	1	6	7	5	9	2	4	8	3	9	1	7	6	5	4	9	8	1	3	2
2	9	5	3	4	8	6	7	1	2	5	4	8	3	9	5	1	2	4	7	6
7	8	4	1	6	2	9	5	3	7	8	6	1	4	2	6	7	3	5	8	9
6	5	8	9	7	3	1	2	4				4	2	1	7	8	6	3	9	5
9	2	7	5	1	4	3	8	6				5	8	3	9	2	4	6	1	7
1	4	3	8	2	6	7	9	5				9	7	6	1	3	5	2	4	8
5	6	2	4	9	1	8	3	7	5	6	1	2	9	4	8	6	1	7	5	3
8	7	9	6	3	5	4	1	2	7	3	9	6	5	8	3	4	7	9	2	1
4	3	1	2	8	7	5	6	9	4	2	8	3	1	7	2	5	9	8	6	4
						1	2	5	8	9	4	7	6	3						
						6	9	8	1	7	3	5	4	2						
						7	4	3	2	5	6	1	8	9						
						2	5	1	9	8	7	4	3	6						
						3	8	4	6	1	2	9	7	5						
						9	7	6	3	4	5	8	2	1						

91

						7	8	3	2	4	6	1	9	5						
						9	5	2	3	7	1	8	4	6						
						4	6	1	5	9	8	7	3	2						
						2	7	4	1	5	9	6	8	3						
						6	1	8	7	3	4	2	5	9						
						3	9	5	8	6	2	4	1	7						
9	6	5	1	2	4	8	3	7	4	2	5	9	6	1	3	2	7	5	8	4
8	3	4	9	5	7	1	2	6	9	8	3	5	7	4	6	9	8	3	1	2
2	7	1	6	8	3	5	4	9	6	1	7	3	2	8	1	5	4	9	6	7
7	4	8	2	1	9	6	5	3				8	3	6	7	1	5	4	2	9
6	1	2	5	3	8	9	7	4				4	1	5	9	6	2	8	7	3
3	5	9	7	4	6	2	8	1				7	9	2	8	4	3	6	5	1
5	9	6	3	7	2	4	1	8	2	3	7	6	5	9	2	3	1	7	4	8
4	2	3	8	6	1	7	9	5	4	1	6	2	8	3	4	7	6	1	9	5
1	8	7	4	9	5	3	6	2	9	8	5	1	4	7	5	8	9	2	3	6
						6	8	4	3	2	9	5	7	1						
						1	3	7	6	5	8	4	9	2						
						2	5	9	7	4	1	8	3	6						
						9	4	6	8	7	2	3	1	5						
						8	2	1	5	9	3	7	6	4						
						5	7	3	1	6	4	9	2	8						

92

						4	8	5	2	9	1	6	3	7						
						9	7	3	5	8	6	4	2	1						
						1	2	6	3	7	4	8	5	9						
						8	4	9	6	1	5	3	7	2						
						3	1	2	7	4	9	5	6	8						
						5	6	7	8	3	2	9	1	4						
6	7	9	8	1	5	2	3	4	1	5	8	7	9	6	1	4	2	5	3	8
3	4	1	7	2	9	6	5	8	9	2	7	1	4	3	5	8	7	6	9	2
8	2	5	4	3	6	7	9	1	4	6	3	2	8	5	9	6	3	7	4	1
2	8	6	3	7	1	9	4	5				6	5	1	3	7	9	2	8	4
9	5	4	6	8	2	3	1	7				4	3	9	8	2	5	1	6	7
7	1	3	9	5	4	8	2	6				8	2	7	6	1	4	9	5	3
4	3	8	5	9	7	1	6	2	4	3	5	9	7	8	2	3	6	4	1	5
1	6	7	2	4	3	5	8	9	1	7	2	3	6	4	7	5	1	8	2	9
5	9	2	1	6	8	4	7	3	9	8	6	5	1	2	4	9	8	3	7	6
						9	4	8	7	1	3	2	5	6						
						7	5	1	6	2	9	4	8	3						
						3	2	6	5	4	8	1	9	7						
						8	9	4	2	6	1	7	3	5						
						2	3	5	8	9	7	6	4	1						
						6	1	7	3	5	4	8	2	9						

93

						9	7	6	2	3	4	5	1	8						
						8	4	1	6	5	9	2	3	7						
						5	3	2	8	1	7	4	9	6						
						2	9	8	4	7	1	6	5	3						
						6	5	7	3	9	2	8	4	1						
						4	1	3	5	6	8	7	2	9						
4	2	6	7	5	3	1	8	9	7	2	5	3	6	4	5	2	9	7	8	1
1	9	3	2	4	8	7	6	5	1	4	3	9	8	2	1	7	3	6	4	5
8	5	7	1	9	6	3	2	4	9	8	6	1	7	5	6	8	4	9	2	3
5	7	9	6	3	2	8	4	1				5	1	9	8	3	6	2	7	4
3	6	8	4	1	7	9	5	2				2	3	7	9	4	5	8	1	6
2	4	1	5	8	9	6	3	7				6	4	8	2	1	7	5	3	9
9	3	2	8	7	4	5	1	6	2	7	8	4	9	3	7	6	2	1	5	8
6	8	5	9	2	1	4	7	3	5	1	9	8	2	6	3	5	1	4	9	7
7	1	4	3	6	5	2	9	8	6	4	3	7	5	1	4	9	8	3	6	2
						6	4	2	3	5	7	9	1	8						
						1	8	5	9	6	2	3	7	4						
						9	3	7	4	8	1	5	6	2						
						3	2	4	1	9	5	6	8	7						
						7	5	1	8	3	6	2	4	9						
						8	6	9	7	2	4	1	3	5						

94

						1	7	4	6	9	2	8	5	3						
						2	3	5	4	8	1	6	7	9						
						8	6	9	5	7	3	1	4	2						
						4	8	3	1	5	6	9	2	7						
						5	2	7	9	3	8	4	6	1						
						9	1	6	2	4	7	5	3	8						
6	9	3	8	5	2	7	4	1	3	6	9	2	8	5	1	6	7	4	3	9
1	5	2	4	3	7	6	9	8	7	2	5	3	1	4	2	5	9	8	6	7
4	8	7	1	9	6	3	5	2	8	1	4	7	9	6	3	8	4	1	2	5
2	6	1	9	4	5	8	7	3				1	5	3	6	9	8	7	4	2
7	4	5	3	2	8	1	6	9				6	4	8	7	2	5	3	9	1
9	3	8	7	6	1	5	2	4				9	7	2	4	3	1	6	5	8
3	2	6	5	8	9	4	1	7	2	6	8	5	3	9	8	7	6	2	1	4
5	7	4	2	1	3	9	8	6	5	3	1	4	2	7	9	1	3	5	8	6
8	1	9	6	7	4	2	3	5	9	4	7	8	6	1	5	4	2	9	7	3
						5	2	8	6	7	3	1	9	4						
						6	4	3	1	8	9	2	7	5						
						1	7	9	4	5	2	3	8	6						
						3	5	2	7	1	6	9	4	8						
						8	6	4	3	9	5	7	1	2						
						7	9	1	8	2	4	6	5	3						

95

						5	2	7	8	3	6	4	1	9						
						6	8	1	7	4	9	3	5	2						
						9	4	3	1	5	2	8	6	7						
						1	5	6	4	9	7	2	3	8						
						8	9	2	3	1	5	7	4	6						
						3	7	4	2	6	8	1	9	5						
9	3	6	2	4	8	7	1	5	6	8	4	9	2	3	7	8	6	1	4	5
2	5	1	7	9	3	4	6	8	9	2	3	5	7	1	4	9	3	6	2	8
4	8	7	6	5	1	2	3	9	5	7	1	6	8	4	2	5	1	7	3	9
5	2	3	9	8	7	1	4	6				2	6	7	1	4	8	9	5	3
6	7	8	1	3	4	9	5	2				8	3	5	6	2	9	4	1	7
1	9	4	5	2	6	8	7	3				4	1	9	5	3	7	8	6	2
3	4	9	8	7	5	6	2	1	5	9	3	7	4	8	3	6	2	5	9	1
8	6	5	4	1	2	3	9	7	6	4	8	1	5	2	9	7	4	3	8	6
7	1	2	3	6	9	5	8	4	7	1	2	3	9	6	8	1	5	2	7	4
						4	5	6	2	8	1	9	3	7						
						9	1	8	4	3	7	2	6	5						
						7	3	2	9	6	5	4	8	1						
						8	7	9	3	2	6	5	1	4						
						1	4	5	8	7	9	6	2	3						
						2	6	3	1	5	4	8	7	9						

96

						5	4	1	9	7	8	6	2	3						
						3	9	2	1	6	5	8	7	4						
						8	7	6	4	3	2	5	9	1						
						9	5	4	6	2	3	7	1	8						
						2	8	3	7	1	4	9	5	6						
						6	1	7	8	5	9	3	4	2						
8	1	6	2	5	4	7	3	9	2	4	6	1	8	5	9	2	4	3	6	7
3	7	4	9	8	6	1	2	5	3	8	7	4	6	9	1	7	3	2	8	5
2	9	5	3	1	7	4	6	8	5	9	1	2	3	7	8	5	6	1	9	4
1	4	8	5	9	3	6	7	2				5	1	3	7	4	8	9	2	6
6	5	3	7	2	8	9	1	4				7	4	2	3	6	9	8	5	1
7	2	9	4	6	1	8	5	3				6	9	8	2	1	5	7	4	3
5	8	7	6	4	2	3	9	1	2	5	4	8	7	6	4	3	2	5	1	9
4	3	2	1	7	9	5	8	6	7	9	1	3	2	4	5	9	1	6	7	8
9	6	1	8	3	5	2	4	7	3	8	6	9	5	1	6	8	7	4	3	2
						7	2	8	4	3	9	1	6	5						
						9	6	4	1	2	5	7	8	3						
						1	3	5	6	7	8	4	9	2						
						6	7	2	8	1	3	5	4	9						
						8	1	9	5	4	2	6	3	7						
						4	5	3	9	6	7	2	1	8						

97

						9	7	8	5	6	3	1	2	4						
						2	1	5	4	9	7	6	3	8						
						6	4	3	8	2	1	7	9	5						
						1	3	9	6	8	2	4	5	7						
						8	2	6	7	5	4	3	1	9						
						7	5	4	3	1	9	8	6	2						
6	5	9	2	4	7	3	8	1	9	7	5	2	4	6	7	8	5	9	1	3
1	8	2	6	3	5	4	9	7	2	3	6	5	8	1	9	6	3	2	7	4
7	4	3	1	8	9	5	6	2	1	4	8	9	7	3	1	2	4	8	6	5
4	9	5	3	7	1	6	2	8				4	9	7	5	1	8	6	3	2
8	1	6	9	5	2	7	3	4				1	2	8	4	3	6	7	5	9
3	2	7	8	6	4	9	1	5				3	6	5	2	7	9	1	4	8
9	6	4	7	1	8	2	5	3	6	4	8	7	1	9	3	5	2	4	8	6
5	3	1	4	2	6	8	7	9	2	1	5	6	3	4	8	9	7	5	2	1
2	7	8	5	9	3	1	4	6	9	7	3	8	5	2	6	4	1	3	9	7
						6	1	8	4	9	2	5	7	3						
						5	9	2	3	6	7	4	8	1						
						7	3	4	8	5	1	2	9	6						
						9	6	7	5	3	4	1	2	8						
						3	8	1	7	2	6	9	4	5						
						4	2	5	1	8	9	3	6	7						

98

						9	8	3	6	4	2	7	1	5						
						1	5	2	7	8	9	4	6	3						
						7	6	4	3	1	5	9	2	8						
						8	9	1	4	5	7	6	3	2						
						6	3	5	2	9	1	8	4	7						
						4	2	7	8	6	3	5	9	1						
9	3	6	5	4	1	2	7	8	9	3	6	1	5	4	7	9	6	8	3	2
4	5	8	9	2	7	3	1	6	5	7	4	2	8	9	3	4	1	5	6	7
2	7	1	6	8	3	5	4	9	1	2	8	3	7	6	2	5	8	9	1	4
6	2	3	4	1	9	8	5	7				8	9	7	5	1	3	4	2	6
7	1	9	8	5	2	6	3	4				6	2	3	9	7	4	1	5	8
8	4	5	7	3	6	1	9	2				5	4	1	8	6	2	3	7	9
5	9	7	3	6	8	4	2	1	3	9	5	7	6	8	1	3	9	2	4	5
1	6	4	2	9	5	7	8	3	4	6	2	9	1	5	4	2	7	6	8	3
3	8	2	1	7	4	9	6	5	7	1	8	4	3	2	6	8	5	7	9	1
						1	3	9	8	2	6	5	4	7						
						8	4	7	5	3	1	6	2	9						
						6	5	2	9	7	4	3	8	1						
						2	7	4	1	5	3	8	9	6						
						3	9	6	2	8	7	1	5	4						
						5	1	8	6	4	9	2	7	3						

99

						4	3	2	7	1	9	8	6	5						
						5	7	6	2	8	4	1	3	9						
						9	1	8	3	5	6	4	7	2						
						2	9	5	8	6	3	7	1	4						
						3	8	4	1	7	5	2	9	6						
						1	6	7	9	4	2	3	5	8						
6	1	7	4	9	2	8	5	3	4	9	7	6	2	1	4	9	5	7	8	3
5	2	3	6	8	1	7	4	9	6	2	1	5	8	3	7	6	1	4	2	9
9	4	8	3	7	5	6	2	1	5	3	8	9	4	7	2	8	3	6	5	1
4	7	1	5	3	8	2	9	6				4	6	8	9	5	2	1	3	7
2	9	6	1	4	7	5	3	8				3	1	2	6	7	8	5	9	4
3	8	5	9	2	6	1	7	4				7	5	9	1	3	4	2	6	8
7	5	9	8	1	3	4	6	2	9	3	1	8	7	5	3	4	6	9	1	2
1	6	4	2	5	9	3	8	7	4	2	5	1	9	6	8	2	7	3	4	5
8	3	2	7	6	4	9	1	5	6	7	8	2	3	4	5	1	9	8	7	6
						7	4	1	3	8	6	5	2	9						
						6	5	8	7	9	2	4	1	3						
						2	9	3	5	1	4	6	8	7						
						8	7	6	1	5	3	9	4	2						
						5	2	9	8	4	7	3	6	1						
						1	3	4	2	6	9	7	5	8						

100

						6	2	3	4	9	7	1	8	5						
						9	7	5	2	1	8	4	3	6						
						1	8	4	5	3	6	9	2	7						
						5	9	1	7	4	3	2	6	8						
						2	3	6	8	5	1	7	4	9						
						7	4	8	9	6	2	5	1	3						
2	4	3	7	6	5	8	1	9	6	2	5	3	7	4	1	9	8	6	2	5
6	8	1	4	2	9	3	5	7	1	8	4	6	9	2	7	3	5	8	1	4
7	9	5	8	3	1	4	6	2	3	7	9	8	5	1	4	2	6	7	3	9
5	2	7	9	8	3	1	4	6				1	3	6	2	5	9	4	7	8
1	6	8	5	4	2	9	7	3				4	8	9	6	7	1	2	5	3
9	3	4	1	7	6	2	8	5				7	2	5	3	8	4	1	9	6
4	5	9	3	1	7	6	2	8	3	1	5	9	4	7	5	6	2	3	8	1
8	7	6	2	9	4	5	3	1	9	4	7	2	6	8	9	1	3	5	4	7
3	1	2	6	5	8	7	9	4	6	2	8	5	1	3	8	4	7	9	6	2
						2	6	3	5	7	9	1	8	4						
						1	8	7	2	6	4	3	5	9						
						4	5	9	8	3	1	6	7	2						
						3	4	2	7	5	6	8	9	1						
						8	7	6	1	9	2	4	3	5						
						9	1	5	4	8	3	7	2	6						

We hope you've enjoyed the puzzles in this book, exercised your brain and had some fun!

Visit **puzzlejuice.com** for more great puzzle books, free printables, free quizzes, the latest puzzles straight to your inbox via our newsletter, and more!

www.ingramcontent.com/pod-product-compliance
Lightning Source LLC
Chambersburg PA
CBHW021447210526
45463CB00002B/671

* 9 7 9 8 6 0 5 7 8 3 5 9 6 *